BIAD 建筑设计标准丛书

施工图设计文件验证提纲

北京市建筑设计研究院有限公司　编著

中国建筑工业出版社

图书在版编目(CIP)数据

施工图设计文件验证提纲/北京市建筑设计研究院有限公司编著. —北京：中国建筑工业出版社，2015.1
(2021.11重印)
(BIAD建筑设计标准丛书)
ISBN 978-7-112-17622-9

Ⅰ.①施… Ⅱ.①北… Ⅲ.①建筑制图-设计标准-中国 Ⅳ.①TU204-65

中国版本图书馆CIP数据核字(2014)第301777号

BIAD建筑设计标准丛书
施工图设计文件验证提纲
北京市建筑设计研究院有限公司　编著

*

中国建筑工业出版社出版、发行（北京西郊百万庄）
各地新华书店、建筑书店经销
北京红光制版公司制版
北京建筑工业印刷厂印刷

*

开本：850×1168毫米　1/32　印张：3¼　字数：85千字
2015年1月第一版　2021年11月第二次印刷
定价：**19.00**元
ISBN 978-7-112-17622-9
(38238)

版权所有　翻印必究
如有印装质量问题，可寄本社退换
(邮政编码　100037)

内 容 提 要

本书根据现行国家/行业/地方设计技术标准等要求，以通用性规范、常用专项规范为主，结合 BIAD 施工图质量抽查中遇到的常见问题，系统地汇集了民用建筑施工图阶段设计验证各环节、各部位应注意的通用性要求。

本施工图验证提纲包括建筑、结构、给水排水、暖通空调、电气及经济专业，针对验审岗位的不同分别列出审核和审定提纲，同时对重点审查内容予以标识。本书在 BIAD 历年积累大量审图经验的基础上，全新编写，简练、通用，是一本十分实用的工具参考书。可供设计人员自查、验证设计文件时参考使用，也可供建筑设计行业职场新人专业技术学习提高之用。

责任编辑：赵梦梅
责任设计：董建平
责任校对：李欣慰　刘梦然

"BIAD 建筑设计标准丛书"编制委员会

主任委员：邵韦平

委　　员：朱小地　徐全胜　张　青　张　宇

　　　　　郑　实　齐五辉　徐宏庆　孙成群

《施工图设计文件验证提纲》编审成员

编制负责人：王冷非　郑　实

编　制　人：建筑专业　刘　杰　毕晓红　王　哲　方志萍

　　　　　　结构专业　薛慧立　王　雁　韩云峰　张京京

　　　　　　设备专业　郑小梅　曾令文　刘　苹

　　　　　　电气专业　石萍萍　金　红　孔　嵩

　　　　　　经济专业　沙椿健

审　核　人：柳　澎　齐五辉　沈　莉　徐宏庆　叶　菁

　　　　　　孙成群　梅雪皎

总 序

北京市建筑设计研究院有限公司（Beijing Institute of Architetural Design，简称 BIAD）是国内著名的大型建筑设计机构，自 1949 年成立以来，已经走过 65 年的辉煌历史。它以建筑服务社会为核心理念，实施 BIAD 品牌战略，以建设中国卓越的建筑设计企业为目标，以为顾客提供高完成度的建筑设计产品为质量方针，多年来设计科研成绩卓著，为城市建设发展和建筑设计领域的技术进步作出了突出的成绩，同时，BIAD 也一直通过出版专业技术书籍、图集等形式为建筑创作、设计技术的推广和普及作出了贡献。

一个优秀的企业，拥有系列成熟的技术质量标准是必不可少的条件。近年来，BIAD 已先后制定实施并不断改进了管理标准——《BIAD 质量管理体系文件》，技术标准——《BIAD（各）专业技术措施》，制图标准——《BIAD 制图标准》，产品标准——《BIAD 设计文件编制深度规定》、《BIAD（各）专业设计深度图示》，其设计标准体系已基本形成较完整的框架，并在继续丰富和完善。

"BIAD 建筑设计标准丛书"是北京市建筑设计研究院有限公司发挥民用建筑设计行业领先作用和品牌影响力，将经过多年积累的企业内部的建筑设计技术成果和管理经验贡献出来，通过系统整理出版，使高完成度设计产品的理念和实践经验得到更广泛的传播和利用，延伸扩大其价值，服务于社会，提高国内建筑行业的设计水平和设计质量。

"BIAD建筑设计标准丛书"包括了北京市建筑设计研究院有限公司的技术标准、设计范例等广泛的内容，具有内容先进、体例严谨、实用方便的特点。使用对象主要面对国内建筑设计单位的建筑（工程）师，也可作为教学、科研参考。这套丛书又是开放性的，各系列会陆续出版，同时将根据需要进行修编，不断完善。

北京市建筑设计研究院有限公司

编制与使用说明

设计文件的验证是保证设计产品质量的重要环节。长期以来，BIAD形成的自审、审核、审定制度对企业在社会上和行业内的高质量品牌形成和保持起到了积极的作用。在经济快速发展的今天，由于一些客观因素，设计产品的质量保证受到影响，其中设计验证环节常常因验证人责任心不强、技术水平不够或者周期过紧、未全过程介入等原因，出现各种问题。

为了保证BIAD设计产品质量，规范设计验证环节的管理，提高效率，公司科技质量中心在总结借鉴了既往的施工图验证提纲基础上，组织各专业人员全新编写了《BIAD施工图设计文件验证提纲》。

本《提纲》将现行设计规范、BIAD专业技术措施、设计文件编制深度规定、制图标准等要求结合，以通用性规范、常用专项规范为主，侧重重要条款以及设计容易出错的内容，而大部分专项规范、特殊的少见条款没有列入。即使是按照重要性、常见性的标准来衡量，本《提纲》内容仍难免挂一漏万，不可能全面覆盖各类技术问题；任何工具也不能完全替代技术人员的主动性和富有创见性的工作，因此，使用者的高度责任心和技术经验的积累是不可或缺的。

《提纲》编写简练、通用，汇集了科技质量中心近年施工图设计质量抽查遇到的一些常见问题，可供设计、验证人员自查、验证设计文件时参考，一般而言，作为审核人提纲中所有内容均应核对，"○"表示审定人应重点审查的内容。《提纲》同时也可供新员工专业技术学习提高之用。

欢迎使用者对编制内容存在的问题提出意见和建议,以便今后不断修订和完善。

邮箱:tech-a@biad.com.cn(建筑)
　　　tech-s@biad.com.cn(结构)
　　　tech-m@biad.com.cn(设备)
　　　tech-e@biad.com.cn(电气)
　　　tech-ec@biad.com.cn(经济)

北京市建筑设计研究院有限公司
科技质量中心
2014 年 10 月

目 录

建筑专业施工图设计文件验证提纲 …………………… 1

结构专业施工图设计文件验证提纲 …………………… 21

设备专业施工图设计文件验证提纲 …………………… 37

电气专业施工图设计文件验证提纲 …………………… 61

经济专业施工图设计文件验证提纲 …………………… 85

参考文献 ……………………………………………… 92

建筑专业施工图
设计文件
验证提纲

建筑专业

建筑专业施工图设计文件验证提纲

分项	审定	审 查 内 容
		综合
设计说明	○	1. 设计项目概况应包括建设规模、性质等，如××床医院，××班学校等
	○	2. 设计依据齐全，设计规范及图集版本的有效性、地方适用性
	○	3. 设计范围与分工描述（包括改造设计、另委托内装修设计）；合作设计分工
		4. 设计坐标与高程系统的描述、建筑施工放线原则
	○	5. 用地现状、分期建设等及日照、交通、绿化报批等情况说明
	○	6. 防空地下室防护类别、平战用途等说明；室内外出入口设置、平战转换措施等
	○	7. 防火设计总平面、防火防烟分区、消防电梯、安全疏散及建筑构件防火性能等；贯穿孔口、空开口及建筑缝隙的防火封堵
	○	8. 节能设计标准、措施以及绿色设计
	○	9. 无障碍设计部位应齐全，标准及措施
	○	10. 墙体材料及构造应符合强度、保温、隔热、防水、防火、隔声等技术要求
	○	11. 屋面形式、防水等级及材料、排水系统及构造设计的说明
	○	12. 隔声减噪设计标准等级；房间墙身、楼板、门窗隔声量标准及材料、构造做法
		13. 电梯、扶梯、步道的技术参数、装修标准，厂家深化与施工原则说明
		14. 各部位防水方案、防水材料种类的选用及防水构造、施工要求

3

施工图设计文件验证提纲

分项	审定	审查内容
设计说明		15. 门窗、幕墙及特殊屋面工程的类型、规格和技术性能要求等
	○	16. 新技术、新材料或有特殊要求的做法（如屏蔽、防腐蚀等）
	○	17. 专项建筑工艺说明：如观演体育建筑声学及视线设计，医院手术部、病房设计
		18. 施工注意事项：如等效文件、技术疑问处理方式、土建机电施工顺序关系
	○	19. 建筑面积统计表；计算的规范依据及无依据时面积计算的原则
		20. 校核土方、防火、安全疏散、节能、电梯、人数、视线、座位等设计计算书
	○	21. 绿色建筑设计措施，北京地区建筑是否满足《北京市绿色建筑一星级施工图审查要点》的要求
		22. 雨水控制和利用措施，北京地区建筑是否符合当地规范、标准及规定
室内、外工程做法表	○	1. 各部分标准恰当、使用合理，符合《建筑内部装修设计防火规范》GB 50222
		2. 房间、空间或功能区域不应遗漏；标注：做法或编号、面层材料、燃烧性能、吊顶净高等
		3. 做法及编号与相关图纸一致
		4. 另委托室内装修设计时对材料做法的要求；材料不确定时，楼地面厚度、材料燃烧性能等级、吊顶高度等控制性要求
		5. 有噪声、振动的设备用房（独立的消防泵房除外）的隔声、吸声措施
		6. 防空地下室的顶板不应抹灰
		7. 道路、平台、坡道、散水、窗井、种植屋面等室外工程做法

建 筑 专 业

分项	审定	审 查 内 容
门窗表（含玻璃幕墙）	○	1. 各类门窗标准恰当、使用合理
		2. 类别类型、洞口和实际尺寸、分数量和总数量、部位、开启方式与图纸一致
		3. 注明标准图图号及门窗代号或详见设计图号
		4. 防火门、隔声门、特种门窗等的要求加注明确
		5. 除管井门及户门外的防火门应设闭门器、顺序器（双扇门）；疏散防火卷帘启闭装置及控制方式
		6. 玻璃幕墙按整体编号，各层不单计，门窗洞口按最宽及最高计
门窗详图（含玻璃幕墙）	○	1. 门窗洞口尺寸和实际尺寸协调合理；标注洞口尺寸、分格或细部尺寸、样式、开启方式，标出与相邻幕墙面关系
		2. 校核技术指标包括：材料要求、安全、隔声、保温、隔热、遮阳、密闭性能等
		3. 结合使用部位表达安全玻璃、防火玻璃；防火墙内转角及两侧的幕墙或门窗符合防火规范
		4. 多道组合门、转角门窗、凸窗、弧形门窗，应绘制平面详图
		5. 控制门窗、玻璃幕墙的分格大小，避免单块尺寸过大、超常规格等
		6. 未选用通用标准或材料供应方提供的节点时，应绘制控制性节点
		总平面图系列
总平面图	○	1. 项目区位图分城市位置—周边道路两级表示（国外项目增加国家位置一级）
		2. 绘制用地红线范围及定位坐标、建筑退线范围、基地周边道路及基地内外现状及规划的主要建（构）筑物
		3. 核查符合规范及规划设计条件：相邻基地边界间留空或通路；建筑及突出物与用地红线关系；高度、防火、防灾、日照、绿地、卫生、停车数量要求

5

施工图设计文件验证提纲

分项	审定	审 查 内 容
总平面图	○	4. 主要经济技术指标列表；核查建筑面积与各类政府审批文件及其他设计文件是否一致
		5. 坐标系统、高程系统、建筑定位角点、尺寸标注点、标注单位、建筑高度说明
		6. 新建与现状保留建（构）筑物应有区分，并加注图例
		7. 绘制并注明用地内保留树木
	○	8. 停车场布局符合规范；停车场位置、数量及车位尺寸；停车位不应贴临建筑
	○	9. 基地出入口、地下车库出入口位置与道路红线、道路交叉口的距离符合规范
		10. 表示绿地范围及面积；注明实土或覆土绿化及厚度
		11. 建筑物名称或编号、定位坐标、外廓尺寸、层数、出入口名称位置；首层轮廓线应加粗，地下室以虚线表示或涂灰
	○	12. 标注室内外的主要设计标高及建筑四角标高
	○	13. 建筑物之间、建筑物与道路及用地红线之间的距离符合规范
		14. 表示窗井、台阶、竖井、各类坡道、出入口等建筑附属设施，标注尺寸、高度
		15. 道路系统应有利于功能分区及建筑布局，便于路面排水及地下管道的敷设
	○	16. 道路宽度、与建筑物的距离及转弯半径符合规范，标注尺寸
	○	17. 标注道路的纵坡，长度及变坡点的高程；纵、横坡坡度符合规范
	○	18. 消防车道及消防扑救面应符合规范；提示结构专业地下室顶板的消防车承载
	○	19. 道路无障碍设计应符合规范

建筑专业

分项	审定	审查内容
竖向图（简单时可与总图合并）		1. 注明高程系统；用标高、箭头、等高线等方法表示竖向设计
	○	2. 标注用地周边道路、地面、水体等的关键性标高，用地内道路交叉点、变坡点标高，广场、运动场等场地设计标高
	○	3. 标注建筑室内外的设计标高、出入口处及建筑四角标高
		4. 挡墙、护坡、土坎、排水明暗沟等标注范围、尺寸及顶、底部标高
		5. 绘制场地、道路的排水方向、坡度及雨水口的位置
	○	6. 易出现雨水倒灌的室外及地下出入口的有效防倒灌措施
		7. 明、暗沟排水设计，应与设备专业配合计算排水流量，确定排水沟尺寸
		8. 景观设计可另行委托，但应有控制性标高设计
土方平衡	○	1. 注明图例，列表表达场地及道路平整的土方量
		2. 根据地形复杂程度及计算精度合理控制计算土方量方格网的间距
管线综合	○	1. 与市政管网衔接的工程管线，平面位置与标高采用城市统一的坐标和高程系统
		2. 管线图例应齐全，管线间距、标高标注清晰
		3. 绘制用地外管线接入点的位置、标高
	○	4. 保留及新建管线、井、池的位置及其间距，以及与建（构）筑物的距离；净距及埋深符合规范
		5. 管线交叉点应注明标高，可直接标注或编号列表
		6. 管线井盖的位置除满足规范外，应减少对景观、建筑出入口等的不利影响
总图详图		1. 绘制道路横断面、挡土墙、护坡、排水沟、水池、路面及场地构造做法
		2. 道路、场地构造做法应坚实、防滑、利于排水
		3. 根据消防车重量选取消防车道路路面荷载做法

7

施工图设计文件验证提纲

分项	审定	审查内容
		平面图系列
轴网定位图	○	1. 轴网定位的逻辑清晰,表达简洁
	○	2. 标注与总平面图相对应的关键点坐标
		3. 承重结构的轴线及编号;标注轴线尺寸和总尺寸,保证尺寸标注唯一性,避免重复标注;放射状轴线定位时,如标注轴线间夹角度数,则不再标注弧长
组合平面图	○	1. 绘制组合体各部分范围、编号,反映出组合体各部分之间关系
		2. 承重结构轴线、轴线号;建筑外包、轴线、外包与轴线的关系尺寸标注齐全
	○	3. 注明房间、空间或功能区域的名称;标注各层建筑面积
		4. 室内外地面设计相对标高、绝对标高、各层楼面相对标高标注齐全
		5. 首层平面指北针,剖面的剖切位置和编号
平面图		1. 绘制轴线和轴线编号;轴线按制图标准进行编号
		2. 首层平面指北针;剖面剖切位置和编号与剖面一致
		3. 绘制各类墙体、柱等并标注定位、尺寸;包括承重结构墙、柱
		4. 门窗、幕墙、天窗、楼电梯、中庭、夹层、平台、阳台、雨篷、台阶、坡道、散水、井道等构配件、卫生器具、水池、雨水管、消火栓、配电盘等建筑设备设施,绘制齐全,标注定位、尺寸、编号,详图索引与详图一致
		5. 建筑外包、轴线、外包与轴线的关系、门窗洞口、分段尺寸齐全
		6. 标注房间、空间或功能区域名称或编号、整层建筑面积和必要的房间使用面积
		7. 室内外地面标高、各层楼面标高标注齐全
		8. 绘制图例、说明;分区绘制的平面图有组合示意图,表示本区部位编号

建 筑 专 业

分项	审定	审 查 内 容
平面图	○	9. 建筑功能布局关系、流线设计的合理性
	○	10. 各功能用房布置合理，空间设计完整，配套用房齐备，面积恰当、尺度适宜
		11. 注意结构构件对建筑使用空间的影响
	○	12. 设备、电气用房的位置、面积等设计经济合理；考虑对周围使用房间的噪声影响；管井、小间不对有效使用空间造成严重影响
	○	13. 防火分区、防火墙、防火门、消防电梯、疏散楼梯、疏散通道宽度、疏散距离等符合防火规范
	○	14. 电梯数量、位置合理，符合《BIAD建筑专业技术措施》[2]；客梯邻近主要入口，与楼梯联系方便；电梯厅尺度恰当
	○	15. 自动扶梯数量、位置合理，适应人流方向，梯段两端保证适当的集散空间
	○	16. 入口、楼电梯、通道、门、卫浴间、座位等符合无障碍规范
	○	17. 卫生间数量、位置合理符合规范；卫生间、更衣室等辅助用房宜次要朝向
	○	18. 用水房间对下部房间的影响；设施布置与详图一致
		19. 绘制座椅等固定家具，设计尺寸合理
		20. 房间隔墙、结构柱等与门窗、幕墙交接关系合理
	○	21. 结合立面、门窗详图校核房间采光、通风符合规范和使用要求
	○	22. 寒冷地区北、西向应设置门斗或防风措施
		23. 内外门高宽合理，符合建筑功能、标准、尺度的特征
		24. 尽量避免采用1200mm宽度的双扇门
		25. 变形缝设置和做法合理，考虑对建筑使用功能和立面的影响
		26. 汽车库绘制车位、车辆中轴通行路线、地面排水；车位不绘制汽车轮廓

9

施工图设计文件验证提纲

分项	审定	审 查 内 容
平面图		27. 自行车库最远存车位置距坡道不宜过远
		28. 厨房、实验室、机电设备用房等有特殊工艺要求的土建配合尺寸齐全
	○	29. 改造项目用图例表示改造范围，改造与非改造的墙体、门窗等有区分
	○	30. 如有紧邻的原有建筑，绘制其局部平面图
防火分区平面图	○	1. 注明房间、空间或功能区域的防火分区分隔位置和面积，各分区应编号，可单独成图
		2. 分区简单可在平面中附示意图
		3. 如每层一个防火分区，不另注防火分区面积
活动灭火器布置图	○	1. 数量和位置合理，符合规范及专业要求，对使用空间影响小
		2. 可与平面合并表达，必要时列出灭火器类型表（也可列于设计说明内）
屋顶平面		1. 女儿墙、檐口、天沟、变形缝、楼电梯间、水箱间、烟风道、天窗、上人孔、检修梯、室外消防梯、设备基础、擦窗机等附属设施及构配件绘制齐全
		2. 设置屋顶绿化时，相关结构、水电条件标注清晰
	○	3. 屋面、平台连廊排水方式合理，坡度符合规范；表示排水坡度、坡向、分水线
	○	4. 雨水管距离、数量符合《BIAD建筑专业技术措施》，[2] 标注雨水口、溢水口定位、管径及做法索引；考虑雨水管对立面、窗的影响；高层应采用内排水
	○	5. 坡屋面、屋面落差较大的加固、防滑落措施；地震、强风区屋面固定加强措施
	○	6. 烟风道、透气管排放高度符合规范，冷却塔、风机、风道等设备不影响人员活动及建筑外观，噪声源不影响使用房间
		7. 为敷设避雷网带预留条件，尽量减少对建筑外观的影响
		8. 不同高度女儿墙、屋顶机房、屋面顶板标高标注齐全

建筑专业

分项	审定	审 查 内 容
		立剖面图系列
立面	○	1. 建筑高度符合规划设计条件，层高合理，符合规范及规划对面积计算的要求
		2. 立面设计如开窗位置、大小等与内部功能相协调
	○	3. 绘制建筑两端及转折处轴线号
		4. 垂直方向绘制三道尺寸，特殊洞口另行增加尺寸标注，尺寸需与层高线发生关联且与相应标高一致
		5. 绘制地面、楼面标高、室外地坪、檐口、女儿墙标高、建筑最高点标高
	○	6. 建筑物外形、门窗、变形缝、踏步、阳台、室外梯、雨罩、雨水管等绘制准确
		7. 新旧建筑贴建时，应绘制旧建筑局部，两者间缝隙处理完善
	○	8. 标注外墙饰面材料、颜色、部位、范围；大面积涂料饰面绘制分格缝，幕墙饰面绘制块材分格，分格间距、位置应恰当、合理
		9. 门窗洞口尺寸、标高与相关图纸一致
	○	10. 住宅窗间墙、窗槛墙高度符合防火要求
	○	11. 寒冷地区北侧开窗不宜过大或大量采用玻璃幕墙；住宅飘窗符合节能规范要求
		12. 外窗及玻璃幕墙表示开启扇位置及开启方式，经济、合理，安全、操作方便
		13. 外墙详图剖切位置、编号标注清晰，标准节点索引标注清楚，图集、图号准确
剖面		1. 剖面尽量选取建筑层高变化较多的位置
	○	2. 屋顶突出物高度应在规划、规范允许范围内
	○	3. 注明室内吊顶净高或净高控制线，室内净高应符合规范及使用功能要求

施工图设计文件验证提纲

分项	审定	审 查 内 容
剖面	○	4. 隔墙与结构顶板之间关系应符合防火要求
		5. 剖到及看到的楼地面及基础、地沟、吊顶、楼电梯、踏步、坡道、门窗洞、雨罩、平台、阳台、屋顶结构、檐口女儿墙、天窗、楼梯间绘制齐全，与详图相符
		6. 标注主要结构和建筑构造部件的标高，如楼地面、平台、吊顶、屋面板、檐口或女儿墙顶、高出屋面的建（构）筑物的标高及室外地面标高
		7. 垂直方向应绘制三道尺寸，特殊洞口另行增加尺寸，尺寸需与层高线发生关联
		8. 基础形式与结构专业一致。地下室与现状建筑基础相贴临时，应局部表达与现状地下室及交接处构造做法或索引
		9. 正确绘制防火卷帘安装位置及条件
平面详图系列		
通用规定		1. 内部尺寸标注齐全、准确；准确标注比例、图例等
		2. 尺寸标注分为土建尺寸和装修完成面尺寸，应标注出两者间的关系
		3. 局部节点以明确的名称和索引表达其部位或定位关系
住宅户型平面详图	○	1. 户型设计、家具和设施布置合理，各类房间、空间完整
	○	2. 注明户型面积指标；标注套内各房间名称、使用面积、阳台面积，并符合规范
	○	3. 卫生间不正对餐厅、起居厅；窗位置对家具布置的影响；起居厅留整墙面；走道设置满足家具搬运要求
	○	4. 房间采光、通风面积符合规范
		5. 空调室外机位置需便于安装维修，考虑噪声影响
		6. 暖气、配电盘等设计位置对使用及美观的影响
		7. 轴线、轴线号、标高、尺寸标注、详图索引编号等绘制齐全，与平面图一致
		8. 住宅卫生间、厨房另行绘制详图，不应以户型平面详图取代
	○	9. 住宅满足无障碍规范

建 筑 专 业

分项	审定	审 查 内 容
客房详图	○	1. 家具和设施布置齐备、合理
	○	2. 无障碍客房满足无障碍规范
教室详图	○	1. 黑板、投影、讲台、桌椅、储物柜、陈列台、展示柜等设施齐备，布置合理；尺寸、间距、距离等标注齐全，符合规范
	○	2. 教室采光通风满足规范；视线与黑板夹角满足规范，防止眩光
		3. 绘制必要的立剖面图；设施立面高度设计合理，符合规范
实验室详图	○	1. 实验室内部功能空间分区满足工艺流程或使用的要求
	○	2. 有通风要求的实验室设置通风柜、风道、排风扇设施；需避光实验室注意遮阳
	○	3. 湿式实验室下水设计考虑对下层房间的影响
		4. 有隔振要求的实验室采取必要的建筑构造措施
		5. 内部设施定位、尺寸标注齐全准确
		6. 绘制必要的立剖面图；设施立面高度设计合理，符合规范
厨房详图	○	1. 室内通风符合规范；烟道和通风道不共用
	○	2. 公共厨房防火门、防火挑檐等符合规范
	○	3. 公共厨房平面流程设计合理，运输便捷，生熟分开，洁污分开，避免二次污染
		4. 公共厨房设计地面排水，降板范围及高度应明确并满足要求；留出隔油池位置
	○	5. 当公共厨房无专项设计配合时，应预留土建条件
		6. 住宅厨房表示设备定位，应绘制管线综合图
	○	7. 住宅厨房的面积、净宽、净长、门洞宽度、操作面长度等符合规范和使用
	○	8. 住宅厨房厨具、吊柜布置考虑对外窗的影响
		9. 集分水器设计位置隐蔽、便于检修

13

施工图设计文件验证提纲

分项	审定	审 查 内 容
卫生间、浴室详图	○	1. 平面布局合理；设施间距、尺寸符合规范
	○	2. 男女设施数量比例恰当、齐备；女性设施比例宜高于男性
	○	3. 根据建筑性质、标准及文化习俗确定便位形式（坐便或蹲便）
	○	4. 有良好通风换气条件，或设机械通风措施
		5. 楼地面排水表示地漏、排水坡度、门口高差等
		6. 公共卫生间宜设前室，不宜男女合用
	○	7. 公共卫浴间细部设计合理，厕位门宜内开，隔断与外窗和门的关系得当，考虑视线遮挡，协调设备下水与结构梁关系
		8. 住宅、客房卫生间应达到1：20/1：30深度，并绘制管线综合图
		9. 立剖面图绘制设施的立面高度
		10. 吊顶平面图绘制灯具、排风口，位置设计合理
	○	11. 公共卫生间和客房卫生间符合无障碍规范
设备机房详图	○	1. 设备运输便捷；房间门洞或吊装孔尺寸满足设备出入要求
		2. 设备机座、基础的定位、尺寸标注齐全，注明主要设备名称
		3. 绘制电缆沟、电缆夹层、机电预留洞口等
	○	4. 有水房间设排水沟、地漏，注意排水方向和坡度；惧水房间楼地面升高或设门槛
	○	5. 设备用房防火、抗爆满足规范
		6. 有振动的机电设备用房应有减振及隔振基础、隔声门或声闸
		7. 有发热设备的用房应通风良好
		8. 变配电室、生活水箱间等有防雨、雪、小动物的措施
	○	9. 正式出图前未能取得专业工艺要求，应预留必要的土建条件

建筑专业

分项	审定	审查内容
		立剖面详图、外墙详图系列
立剖面详图		1. 选择立面变化复杂位置绘制立面，绘制可见结构和装饰构件、线脚和分格线，标注尺寸、定位，标注外饰面材料种类
		2. 选择楼屋面标高变化及与幕墙交接复杂位置绘制剖面，表示幕墙与外墙关系、楼层变化转折关系位置，标注幕墙完成面尺寸、楼层标高、与围护结构间关系
外墙详图		1. 选择建筑外墙典型部位，从屋顶到基础连续绘制；其他外墙相同部分可略去
		2. 垂直方向应绘制三道尺寸，特殊洞口、局部突出线脚、装饰物等应另行增加标注。正确表达建筑室外、楼层、屋面、女儿墙标高并与相关图纸一致
		3. 标注定位轴线及轴线号；标注水平定位尺寸（与轴线关联）；与相关图纸一致
		4. 绘制外围护（结构、装饰）构件、门窗洞口、保温材料的尺寸、位置并与相关图纸一致。标注阳台、雨篷、凸窗、窗井、散水、台阶等构造做法及详图索引
		5. 标注外饰面做法材质、做法编号及构造；绘制门窗在外墙上的水平安装位置，表达相应防水、节能构造
		6. 标注外墙挑出构件防水、保温构造及饰面材料、做法
		7. 幕墙应表示幕墙外表面与主体结构的间距、主体结构开洞尺寸，开启扇尺寸，对影响立面效果的框料应标注控制尺寸
	○	8. 幕墙应表示层间防火封堵措施、窗槛墙的防火高度、保温、防水等构造措施；表示幕墙与主体结构洞口周边缝隙的封堵材料及措施
	○	9. 抗震设防地区不应采用隐框玻璃幕墙
	○	10. 外墙外保温材料、构造的防火措施应符合有关规定要求
	○	11. 低于安全高度的外墙开口部位如有人员坠落隐患时的安全防护措施

施工图设计文件验证提纲

分项	审定	审 查 内 容
外墙详图	○	12. 玻璃幕墙首层出入口上方设置雨篷等防坠落措施
		13. 注明屋面构造、屋面做法编号、防水收头做法、保温、防火措施
		14. 正确绘制外墙基础形式、地下防水做法构造、做法编号，防水收头做法
各类部品、构造详图		
通用规定		1. 凡平立剖面图、文字说明无法交代或交代不清的建筑构配件应绘制详图
		2. 局部节点应以明确的名称和索引表达出其部位或定位关系
		3. 注明索引的图、图集信息；索引号应同时能表现出与索引出处图的关系
		4. 轴线及编号、层标高、吊顶标高等控制尺寸齐全；净尺寸应与之关联
		5. 有装修完成面时，装修完成面尺寸与土建尺寸之间应发生关联
	○	6. 防火、防水、保温隔热、隔声、防结露处理等部位的设计应重点核对
楼梯		1. 净尺寸为装修完成面；标注墙厚、门洞口尺寸，梯井宽、休息平台宽、踏步宽高、每跑步数；标注休息平台标高及净高、梯跑最小净高、扶手高度及栏杆垂直杆件净距
	○	2. 检查楼梯安全设计，梯跑及水平栏杆的高度、形式、杆距、材质及固定构造
	○	3. 无障碍楼梯应符合规范，扶手形式、外径、高度、踏步高宽，盲道等
	○	4. 地下室或半地下室与楼上共用楼梯间时，在首层设防火分隔措施（除独立住宅）
	○	5. 自然排烟楼梯间可开启外窗的面积及方便开启的装置
	○	6. 楼梯开门不应占用梯段疏散宽度
		7. 栏杆扶手应绘制完全；需另行装修设计时，应注明基本控制尺寸提出构造要求

建 筑 专 业

分项	审定	审 查 内 容
电梯、自动扶梯、自动步道		1. 根据样本参数，绘制土建设计控制内容；选型不确定时，应加注"再核对及修改"的相应说明
		2. 自动扶梯、步道除平、纵剖面详图外，需绘制横剖面图
	○	3. 选型表包括编号、载重量（输送量）、速度、控制方式、无障碍要求技术参数
	○	4. 消防电梯井、机房应与相邻其他电梯井、机房之间设防火分隔； 普通电梯（非消防电梯之间）不应设置墙体
	○	5. 自动扶梯步道两端应设等候及缓冲空间；注明平行墙面间距、净高等安全设计要求，检查自动扶梯与结构梁、板的关系及扶手的选用方式
		6. 注明导轨埋件、预留孔洞、机房工字钢/混凝土梁和检修吊钩、防火措施等；标注层数指示灯及上下按钮留洞位置、尺寸
坡道	○	1. 室内外坡道（如汽车、自行车、无障碍、货物）的坡度、水平长度符合规范
	○	2. 进入建筑物的地下坡道的挡水及排水设计
阳台、雨篷、集水坑		1. 注明防水、排水设计要求
		2. 雨篷下设灯具不应影响门的开启
		3. 有机动车通行时，集水坑盖板的承载力应符合要求
吊顶系列		
吊顶平面	○	1. 分格合理，标注尺寸及相对标高
		2. 房间、空间或功能区域应标注名称或编号
		3. 灯具、风口、烟感、喷淋、扬声器、摄像头、检修口等设施按比例绘制并定位
		4. 灯具形式、排列符合照度、美观、标准方面的要求
		5. 处在伸缩缝处的吊顶应采取满足伸缩要求的构造措施
		6. 吊顶内马道标注尺寸及进入的开口或人孔位置
		7. 非装配式吊顶考虑检修的条件，检修口尽量避免影响装修效果

施工图设计文件验证提纲

分项	审定	审 查 内 容
吊顶剖面		1. 平面难以表达的复杂剖面关系,辅以吊顶剖面图
		2. 绘制隔墙、梁、板、柱等结构、构配件的剖切线、可视线及吊顶面层轮廓线
		3. 注明吊顶标高、层高、净高
		4. 重型灯具、设备及风扇等动荷载设施不应安装在吊顶龙骨上,应与结构板连接
吊顶详图		1. 注明面层材料种类、规格,防火、隔声、防潮等技术性能要求
		2. 绘制吊顶面层轮廓线、龙骨、连接件及连接方式
		3. 注明剖到的风口、灯具、窗帘盒等配件设施的形式、做法控制;注明吊顶与建筑墙体收边处的做法控制
		人防工程
	○	1. 平面图中各防护单元防护设施、设备齐全;标注防护、防爆单元面积,标注平战时用途;防火分区划分合理;口部设置减少对总平面及立面影响
	○	2. 平面图注明防火门、人防门、挡窗板开启方向,人防门型号选用正确,标注战时封堵位置及措施
	○	3. 剖面板底净高≥2.4m;梁底、管底净高≥2m(专业队装备掩蔽部和人防汽车库除外)
	○	4. 口部详图尺寸完善,符合平战使用要求;防毒、密闭通道、洗消、简洗、扩散室面积、流线及功能符合使用要求;人防门前空间满足人防门开启要求;标注口部集水坑位置、尺寸、深度
		5. 人防楼梯兼作平时使用时,还应符合平时功能要求
		6. 通风竖井内应设置可供人员进入安装悬板活门的垂直爬梯或出入口

建筑专业

分项	审定	审 查 内 容
		统一要求
	○	1. 施工图首页、图纸目录格式符合要求
		2. 各类图纸比例符合《BIAD设计文件编制深度规定》[1]
	○	3. 图例、绘图符合国标《BIAD制图标准》[3]；图名、比例齐全准确，图号编排合理
		4. 图面布置紧凑、繁简得当，线条粗细、字体大小适宜
		5. 说明与图纸之间、各类基本图与详图之间内容表达一致

结构专业施工图设计文件验证提纲

结构专业施工图设计文件验证提纲

分项	审定	审查内容
初设补审及复审	○	1. 无初设或对原初设结构方案有较大改动项目，应根据施工图阶段落实的设计条件按初步设计文件验证提纲对施工图进行审查
结构方案		
设计依据	○	1. 建设方提供的设计条件和依据有无变化，如有，应审查相应的调整设计
	○	2. 作为设计依据的有关报告及设计安全性验证的试验和检测结果应满足设计要求，如：地质详细勘察报告、载荷试验结果、复杂节点和重要构件试验结果等
结构选型及布置	○	1. 检查与初设不同之处及修改部分的合理性，并按初设验证意见、各级技委会会纪要及专项审查意见等检查修改落实情况，包括材料强度等级选用，结构构件布置，节点形式，伸缩缝、沉降缝、防震缝位置及其宽度设置等内容
	○	2. 对不规则结构，针对质量和刚度分布不规则以及楼板不连续等不规则项采取的有效加强措施，特殊部位、薄弱部位、关键部位和重要节点及支座的处理
	○	3. 对带有转换层、错层、加强层、连体、大底盘多塔等复杂高层建筑结构、混合结构和特殊大跨结构的加强措施，隔震减震结构的特殊处理措施
	○	4. 减小温度作用对大跨结构、超长结构不利影响的措施
地基与基础	○	1. 勘察报告有无变动或补充，如有，应审查相应的调整
	○	2. 检查地基基础方案重点部位设计实施情况，如： 1）基础形式、持力层选用和埋置深度； 2）主楼与裙房连接处基础的处理措施；差异沉降的控制措施； 3）对深基础、特殊地质条件和不良地质现象的有效处理措施；深基坑降水对基础方案的影响； 4）对地基处理的要求，等等
	○	3. 地下工程的防水做法及建筑物的抗浮措施

施工图设计文件验证提纲

分项	审定	审 查 内 容
超限结构	○	1. 按通过审查的超限报告及专家审查意见审核执行情况
突破规范	○	1. 突破规范审批情况及采取的有效措施，如：当结构长度超出规范和规程限值时，施工后浇带的设置情况及所采取的其他抗裂控制措施
加固改造	○	1. 没有初设阶段时，检查有无原结构的安全性检测报告、抗震鉴定报告或包含检测数据的鉴定报告，所选用的加固改造方案的安全合理性、可行性、全面性、经济性
		设计总说明
工程概况	○	1. 应注明工程地点、使用性质、各单体（或分区）建筑的水平尺寸和总高度、地上及地下层数、人防概况、结构体系、与±0.000设计标高相对应的绝对标高等
	○	2. 设计标准：包括安全等级、使用年限等
	○	3. 应注明工程地质情况和地下水位情况及抗浮水位绝对标高
	○	4. 应注明基础形式、采用天然地基或人工地基、持力层土质及地基承载力
	○	5. 有抗浮要求时应注明抗浮措施
	○	6. 大跨度空间结构的结构体系、支座约束条件等
设计依据		1. 应将所涉及的国家及地方结构设计标准、规范、规程全部列入，并注明编号及版本号，不应存在与本工程无关的及失效的标准、规范、规程
		2. 应注明该工程的岩土工程地质勘察报告、地震安评报告、风洞试验报告等报告的编号及编制单位
		3. 建设方提出的与结构有关的符合相关标准、规范的书面要求，如设计标准、必要的使用活荷载资料
		4. 援外工程应列入建设方提供的考察报告
		5. 应列入主要文函（如：超限高层抗震设防专项审查意见的批复）、会议纪要

结构专业

分项	审定	审 查 内 容
抗震设计	○	1. 应注明建筑物的抗震设防类别、抗震设防烈度、设计基本地震加速度、建筑场地类别、设计地震分组、构件的抗震等级、底部加强区范围、阻尼比等
	○	2. 对于学校、医院等乙类抗震设防类别的建筑,构件的抗震等级应提高
使用荷载	○	1. 应保证使用荷载及特殊荷载的取值及依据正确,对需要考虑温度作用的超长和大跨等结构,说明计算温度作用的标准
结构材料		应保证所用材料的规格、性能要求及强度等级齐全正确,主要包括:
	○	1. 混凝土结构构件采用的混凝土强度等级,轻骨料混凝土的密度等级和强度等级,基础和地下室及人防部分防水混凝土的抗渗等级
	○	2. 砌体结构砌体的种类及其强度等级、干容重,砌筑砂浆的种类及强度等级,砌体结构施工质量控制等级
	○	3. 耐久性要求,包括各部位混凝土构件的环境类别及其耐久性要求
		4. 主要采用的钢筋、预应力筋和钢材规格,以及钢筋和钢材的连接材料的规格;特殊材料或产品(如成品拉索、锚具、铸钢件、成品支座、阻尼器等)的说明
		5. 钢材牌号、质量等级和对应的产品标准,必要时提出物理力学性能、化学成分要求以及其他要求(如强屈比、Z向性能、碳当量、耐候性能、交货状态等);应注明钢构件的成形方式(热轧、焊接或冷弯),圆钢管种类(无缝管、直缝焊管、螺旋焊管等)
		6. 选择和使用混凝土外加剂的设计要求,对掺膨胀剂的补偿收缩混凝土应注明混凝土限制膨胀率的要求

施工图设计文件验证提纲

分项	审定	审 查 内 容
结构材料		7. 钢筋和钢材的连接材料的规格和质量要求,包括: 1) 钢筋机械连接及焊接时接头等级和质量要求; 2) 钢筋和钢材的焊接方法,所采用焊条、焊丝、焊剂的产品要求,焊缝质量等级及焊缝质量检查要求等,钢结构的焊缝金属应与主体金属相适应; 3) 钢结构采用螺栓连接时,应注明螺栓种类、性能等级,高强螺栓的接触面处理方法、摩擦面抗滑移系数,以及各类螺栓所对应的产品标准
结构材料		8. 钢结构采用的焊钉种类及对应的产品标准
结构材料	○	9. 压型钢板的截面形式及所对应的产品标准
结构材料	○	10. 特殊材料或产品(如成品拉索、锚具、铸钢件、成品支座、阻尼器等)的规格和质量要求
结构材料	○	11. 钢结构的防腐与防火要求,包括防腐涂层的耐久性(防腐年限)、耐温性和良好的附着力,构件的防火分类等级及耐火极限,防火涂料类型及产品要求等;采用特殊材料时应有相关说明
结构材料		12. 建筑围护结构和轻隔墙材料的类型及相应的强度等级,包括建筑围护结构和轻隔墙材料的容重要求、砌体强度等级、砌筑砂浆的种类和强度等级等
构造措施		应有对结构抗震措施、抗震构造及其他的构造要求,主要包括:
构造措施		※混凝土结构
构造措施		1. 应注明混凝土的保护层厚度,钢筋的锚固、搭接长度和位置
构造措施	○	2. 应注明后浇带的设置及构造做法
构造措施	○	3. 应注明框架梁柱、剪力墙等构件的构造要求
构造措施		4. 应注明非结构构件的构造要求
构造措施		5. 应有洞口处理构造做法;填充墙门、窗洞口过梁做法

结构专业

分项	审定	审 查 内 容
构造措施		6. 预应力构件应注明相关构造要求
		※砌体结构
	○	1. 圈梁设置的构造要求
	○	2. 构造柱设置的构造要求及与墙体的拉接构造要求
		3. 墙体转角拉接的构造要求
		4. 现浇过梁、预制过梁的统一要求
		※钢结构
		1. 应按相关规范根据施工条件选用正确的焊缝接口形式
	○	2. 与工程相关的构造要求和通用做法
施工要求	○	1. 应注明地基基础开挖、检验、回填等设计要求，地基处理、桩基础的施工质量，地下水位观测、沉降观测等要求
		2. 施工后浇带补浇时间和质量要求及两侧支撑要求
	○	3. 针对超长、大体积或清水混凝土，应说明施工阶段需采取的裂缝控制措施
		4. 与抗浮设计相关的施工要求，以及采用基坑施工降水方案时确定停止降水时间的要求；深基坑降水对周边建筑的影响
		5. 应注明必要的施工要求，其中包括：悬挑构件、大跨构件的起拱要求、拆模时间和现浇挑檐、雨罩、女儿墙设温度缝，施工荷载，设备基础等
		6. 应有因电梯或其他设备订货影响电梯机房或设备机房内留洞、设置吊钩及设备基础等事项的相关说明
		7. 钢结构应说明加工制作、施工安装及质量检验的要求，必要时应提出结构检测要求和特殊节点的试验要求，其中包括： 1）对于焊接工艺、焊缝形式、质量等级、质量检验、低温焊接等应有具体要求； 2）厚板焊接防层状撕裂措施、钢管相贯焊缝要求、预拼装、安装、隐蔽焊缝、施工验算、预埋构件的测量、与相关专业（如幕墙）的关系等

施工图设计文件验证提纲

分项	审定	审 查 内 容
加固改造		1. 设计依据中应列入已建结构原始设计图纸、安全性鉴定报告或抗震鉴定报告,注明检测报告或鉴定报告的编号和编制单位
		2. 注明施工资质的要求
	○	3. 应明确后续使用年限,依据后续使用年限确定基本雪压、基本风压、楼面活荷载的修正系数及与之相适宜的抗震设防目标
	○	4. 加固改造的范围和采用的方案
	○	5. 应说明所采用的加固材料的性能要求,应分别说明拆除、加固和接建时的施工要求;对较为复杂的加固改造和改扩建工程,必要时应详细说明对拆除、加固和接建的施工顺序和临时支撑的要求
		6. 其他说明参照一般设计总说明
其他		1. 参考标准图集时应注明图集号和使用注意事项
		2. 钢结构制作详图应由具有钢结构专项设计资质的单位完成
		基础平面图
基本尺寸		1. 指北针、定位轴线、尺寸标注应与建筑图一致;注明图纸比例
底板平面	○	1. 墙、柱、梁的编号、截面尺寸及伸缩缝、沉降缝、抗震缝的位置
	○	2. 底板标高、厚度、配筋、尺寸等
	○	3. 条基宽度或单独柱基及拉梁的尺寸
	○	4. 桩基布置、桩编号及承台尺寸
		5. 管沟平面、尺寸、过梁、沟盖板、人孔等
	○	6. 持力层分区及埋深不同时的处理
		7. 构造柱编号、位置、尺寸(砌体结构)

结构专业

分项	审定	审查内容
桩基础	○	1. 桩的类型、桩顶标高、有效桩长、桩端持力层及进入持力层的深度
	○	2. 桩基承载力及试桩要求、成桩的施工要求、桩基的检测要求
地基处理	○	1. 当需要进行地基处理时,应在平面图中绘制地基处理范围,并说明处理方法、处理深度以及施工和检测要求,必要时绘制地基处理构造详图;图纸中应注明建筑物允许的最终沉降量及建筑物的荷载标准值或地基承载力
加固改造		1. 平面图中应采用不同图例区分原有结构构件和需要加固的构件以及新增构件
	○	2. 当需要进行地基加固时,应在图中绘制地基加固范围,并说明加固方法、加固深度、加固后的地基承载力和地基最终变形的控制以及施工和检测要求,必要时绘制加固构造详图
结构平面图		
基本尺寸		1. 定位轴线、尺寸标注应与建筑图一致;注明图纸比例
板结构平面		1. 现浇板编号、板厚、配筋应与计算一致;各洞口的加筋处理;板标高、节点号及剖面号;圈梁平面及编号(砌体结构)
		2. 配合其他专业预留条件(埋件、留洞等),并注明预埋件、预制构件图集号
		3. 普通地下室顶板厚度不宜小于160mm
	○	4. 地下室顶板作为上部结构的嵌固部位时,其楼板厚度不宜小于180mm
		5. 一般楼层现浇楼板厚度不应小于80mm,当板内预埋暗管时不宜小于100mm
	○	6. 开大洞、窄板等薄弱部位的加强措施
		7. 雨罩或挑檐位置、编号、尺寸;楼梯间索引图号
		8. 预制板号、数量、排板尺寸及板缝配筋;预制板的荷载等级应与计算一致
	○	9. 顶层楼板厚度不宜小于120mm,宜双层双向配筋;超长时的构造加强措施
		10. 现浇预应力混凝土楼板厚度可按跨度的 1/45～1/50 采用,且不宜小于150mm,混凝土强度等级适当提高

施工图设计文件验证提纲

分项	审定	审 查 内 容
墙柱平面	○	1. 墙、柱布置应与建筑平面及计算模型一致
		2. 柱和墙的尺寸、编号、位置与构造大样相符
		3. 柱配筋及剪力墙墙体、暗柱、连梁配筋应符合计算及构造要求
梁平面	○	1. 预制梁或现浇梁的编号及截面尺寸,梁与轴线的关系(平面尺寸)
		2. 梁配筋与计算结果相符、配筋构造的正确性、悬挑梁的配筋
钢结构	○	1. 梁柱平面布置图中应提供构件表,注明构件编号、规格尺寸、钢材牌号
		2. 表示节点连接形式、支座的位置及约束条件;当采用滑动支座时,应标出支座的滑动方向及允许的最大位移
砌体结构	○	1. 注明材料的强度等级及体积密度、砌筑质量等级要求
		2. 平面中构造柱、圈梁布置应满足规范要求
		3. 门窗洞口、过梁标注的正确性,预制过梁的荷载等级应满足承载力要求
加固改造	○	1. 各层结构平面图中应采用不同图例区分原有结构构件和需要加固的构件以及新增构件,并注明交接部位的作法
		2. 其他参照一般平面图
		详图
基础详图		1. 配筋扩展基础: 1) 应绘出配筋、基础垫层,标注总尺寸、分尺寸、标高及定位尺寸等。剖面大样尺寸应与基础平面图尺寸一致; 2) 基础边长≥2.5m时,钢筋在该方向的长度可减少10%交错放置; 3) 基础边缘高度应≥200mm、应有柱插铁示意及定位箍标注大样; 4) 柱下矩形独立基础底面长短边之比 $2 \leqslant w \leqslant 3$ 时,短向钢筋的布置应满足规范集中布筋的要求(《建筑地基基础设计规范》GB 50007—2011 第 8.2.13 条)

结构专业

分项	审定	审 查 内 容
基础详图	○	2. 桩基的桩身、承台、垫层尺寸及标高应标注正确，配筋及构造做法应满足要求
		3. 砌体结构墙下条形基础应有放脚分尺寸及防潮层位置
	○	4. 应有地梁、地过梁剖面大样并注明尺寸、标高、配筋
		5. 基础剖面槽底标高应与基础平面图标注的槽底标高一致；电梯井、设备集水泵坑应加剖面标注
	○	6. 基础的尺寸、配筋应与计算相符
楼板剖面		1. 应表示楼板与梁、阳台、女儿墙等构件间相互标高关系，标明构件间定位尺寸及构造做法，并应注明阳台、女儿墙等构件配筋；剖面应与建筑外墙大样一致
	○	2. 采用预制楼板的结构应表示楼板处圈梁尺寸、标高、配筋及与楼板的连接关系
梁剖面		1. 一般梁剖面、节点做法大样可参见标准图集，若有与标准图集不一致的做法时应进行必要的说明和绘制大样表示
墙节点大样	○	1. 节点大样的编号、分尺寸、定位尺寸应与墙体平面图一致，边缘构件配筋应满足规范和计算要求；箍筋配置方式应满足规范要求
	○	2. 剪力墙的约束边缘构件与构造边缘构件应分别表示，并核对底部加强区的楼层数应与总说明一致
		3. 短肢剪力墙的墙厚度、配筋、构造应满足规范要求
		4. 墙肢长度不大于4倍墙厚时，应按柱的有关要求设计且箍筋全高加密
	○	5. 剪力墙结构的角窗两侧应设置约束边缘构件
楼梯详图		1. 楼梯详图应表示每层楼梯结构平面布置及楼梯整体剖面图，注明结构构件尺寸（包括踏步、楼梯梁、楼梯柱、承重墙等）及其定位尺寸、构件代号、结构标高（包括各休息板）；钢筋混凝土楼梯应表明楼梯休息板、踏步板和楼梯梁的配筋，楼梯配筋不应表示在建筑专业的楼梯详图中

施工图设计文件验证提纲

分项	审定	审 查 内 容
楼梯详图		2. 楼梯跑板折角处纵筋构造要求应符合规范相关规定
	○	3. 抗震设计时,框架结构中的楼梯应满足规范对楼梯的计算和抗震措施要求
		4. 楼梯踏步板底层起跑位置设置单独浅基础时,应确保基础下地基土密实、可靠,保证基础承载力和沉降满足要求
钢结构	○	1. 审查详图构造的合理性;关键部位及节点应有节点详图表示详细做法
		2. 注明构件尺寸、规格、加劲肋做法、焊缝要求、螺栓数量及节点连接详图、施工、安装要求
		3. 格构式梁、柱、支撑应绘制平、剖面(必要时加立面)与定位尺寸、总尺寸、分尺寸,注明单构件型号、规格,组装节点和其他构件连接详图
加固改造	○	1. 需要加固的构件应绘制加固详图,简单的加固构件可用统一详图和列表法表示;当绘制包括基础在内的结构构件加固详图时,应详细表示加固范围和加固方法,标注加固采用的材料名称、规格或尺寸及其数量
	○	2. 必要时绘制局部拆除、支护布置图
		人防
设计说明	○	1. 注明人防工程概况(包括平时功能、战时功能、防护类别、抗力级别等)
	○	2. 注明主要设计依据(包括结构安全等级、设计使用年限、遵循的标准和规范、工程地质和水文地质条件以及地面建筑抗震设计条件等)
		3. 注明所采用的通用做法和标准构件图集
	○	4. 注明防护构件的等效静荷载取值
		5. 扼要说明有关地基概况(包括地基基础设计等级、地基处理方案、基础形式、基础埋置深度及持力层名称等)

结 构 专 业

分项	审定	审 查 内 容
设计说明		6. 注明主要结构材料的品种、规格、性能及相应的产品标准（注意人防不应使用经冷加工处理的钢筋及无粘结预应力构件，砌体结构不应使用硅酸盐砖或砌块）。对有防水密闭要求的结构构件，应说明其混凝土抗渗等级
		7. 注明混凝土保护层厚度、钢筋锚固搭接长度和位置及人防部分特殊构造要求
	○	8. 注明施工中需遵守的施工验收规范、规程和注意事项（如在施工期间存在上浮可能时，应有抗浮措施）
		9. 其他说明参照一般设计总说明
墙柱平面	○	1. 人防墙体应根据不同的名称（如临空墙、人防外墙等）用图例区分开
	○	2. 人防墙体最小厚度应符合人防规范中"结构构件最小厚度"的规定，并应满足规范最小防护厚度的相关要求
		3. 人防门框墙在平面图中应注明编号或索引号
		4. 人防墙体应设置不小于 $\phi 6@500$ 梅花形排列的拉结钢筋
	○	5. 墙、柱应满足规范最小、最大配筋率要求
		6. 其他构造措施参照一般结构要求
梁板平面	○	1. 人防顶板最小厚度应符合人防规范中"结构构件最小厚度"的规定，并应满足规范最小防护厚度的相关要求
		2. 人防顶板上铁、底板下铁应保证隔一根拉通一根，通长钢筋间距控制在 200～300mm 之间
		3. 人防顶板、底板应设置不小于 $\phi 6@500$ 梅花形排列的拉结钢筋；人防基础底板由平时设计荷载控制，且受拉主筋配筋率小于人防规范中"钢筋混凝土结构构件纵向受力钢筋的最小配筋百分率"的规定时，不需设置
	○	4. 梁应满足规范最小、最大配筋率要求
		5. 人防内不应设沉降缝、温度缝等永久缝
		6. 其他要求同一般平面图

施工图设计文件验证提纲

分项	审定	审 查 内 容
大样详图		1. 大样详图的编号、尺寸、标高应与平面图统一，配筋应与计算书一致，其他要求同一般结构详图
		2. 防倒塌棚架在室外地坪处以及以上要与结构主体设缝分开
计算		
基础计算	○	1. 地基承载力验算、变形验算、稳定验算
		2. 基础受弯、受剪、受冲切承载力的验算及箱形基础中的悬空墙验算
		3. 抗浮验算及挡土墙计算
		4. 柱下矩形独立基础底板的弯矩按规范公式进行简化计算时，台阶的高宽比应≤2.5且偏心距≤1/6基础宽度
整体计算	○	1. 结构计算程序应选用有效版本；结构计算模型、参数选择应正确
		2. 检查平面布置简图、编号、荷载、截面尺寸、材料强度等级；检查计算简图与图纸是否相吻合、局部简化是否合理；轻屋面注意雪及风荷载的不利组合；超长结构及大跨钢结构应计算温度应力
	○	3. 基本数据，周期、振型、地震力、位移、构件内力及轴压比；梁、柱、墙配筋图、超筋信息、底层墙柱最大组合内力简图；框剪结构、框架支撑结构底部内力分配比例及楼层地震作用调整信息
	○	4. 电算结果分析：计算机输出结果的判断以及对发现异常结果的分析处理
	○	5. 钢结构应给出支座反力、滑动支座的位移；受压结构的线性屈曲和非线性稳定结果；大跨结构的温度效应计算结果
构件计算	○	1. 楼板计算、楼梯计算（注意板厚、荷载取值）、特殊构件、转换梁和柱复核验算
		2. 砌体结构主要墙垛的核算
	○	3. 雨罩、挑檐、阳台等悬挑构件配筋及倾覆计算、锚固验算
	○	4. 施工顺序、安装方法对结构计算的影响分析
	○	5. 注意钢构件计算长度系数、构件应力比

结构专业

分项	审定	审 查 内 容
人防计算		1. 计算书内容要齐全（包括临空墙、外墙、防护密闭门框墙、顶板、底板、楼梯、防倒塌棚架等），应有构件计算简图，注明荷载来源出处
	○	2. 防护构件的等效静荷载应取值正确
		3. 战时主要出入口楼梯的踏步与休息平台应进行受正、反面荷载作用的配筋计算
	○	4. 当采用用于平时荷载作用下的计算软件进行人防战时荷载作用下的结构计算时，应根据软件情况对材料强度进行调整，并对无梁楼板等构件截面的抗剪承载力按人防要求进行验算
	○	5. 当采用桩基础、条形基础或独立柱基础时，除按平时使用条件进行基础设计外，应按战时荷载组合验算基础本身的强度
		制图标准
		1. 图名应准确、齐全；图纸编号应符合国标、《BIAD制图标准》[3]规定
		2. 图例、填充、图纸附注栏内容应符合国标、《BIAD制图标准》[3]规定
		3. 索引及反索引应准确、齐全
		4. 图面文字、标注等不应重叠
		5. 分区示意图、楼层标高表不应遗漏
		6. 图面布置、线条粗细、文字大小、字体方向应合理

设备专业施工图设计文件验证提纲

设备专业

设备专业施工图设计文件验证提纲

给排水专业

分项	审定	审 查 内 容
	○	**设计输入**——核对建设方提供的作为设计依据文件的完整性和有效性，包括但不限于：
		1. 初步设计文件及建设方确认意见、政府主管部门审批意见
		2. 室外市政给排水管网图，有关水源、热源的压力、温度等设计计算参数的文字资料
		设计说明
总则		1. 建筑类别、建筑概况（包括建筑功能、建筑面积、建筑高度等）信息
		2. 作为设计依据的设计规范、标准版本的有效性、地方适用性
		3. 设计范围，需与其他单位配合设计的内容及分工
生活给水		1. 建筑红线处给水管线进出口的方位、数量、管径和市政给水管道供水压力
	○	2. 设计项目需市政供水或自备水源供水的总用水量，各分区用水量
	○	3. 系统设计合理，说明中对系统的描述与实际情况相符；采用叠压供水系统是否经过当地行政主管部门审批
		4. 防水质污染的措施
生活热水		1. 热源形式、热交换器类型以及供回水温度（蒸汽应注明供汽压力）
	○	2. 生活热水供水温度、热水量、设计小时耗热量
管道直饮水		1. 水源和水质、处理工艺、用水量
污、废水		1. 建筑红线处排水管线进出口的方位、数量、管径和标高
	○	2. 污水、废水排水量，污水的局部处理情况（含油污水除油、化粪池、降温池、医院污水、实验室有害有毒废水等）
		3. 消防电梯井的排水设计

39

施工图设计文件验证提纲

分项	审定	审 查 内 容
雨水		1. 屋面雨水排水形式以及设计流态(重力流或压力流)、溢流措施(与建筑专业配合)
	○	2. 雨水系统的设计参数(设计重现期、排水和溢流总设计重现期、暴雨强度、设计雨水流量等)
	○	3. 下沉小院、无盖汽车坡道、无盖窗井等位置雨水的提升排放
	○	4. 雨水控制和利用措施(北京地区硬化面积达 2000m² 及以上项目,应配建雨水调蓄设施,不小于 30m³/km²)
中水	○	1. 中水收集和供水范围、水量平衡情况、采用市政中水时的水压
		2. 中水的水质要求和处理工艺
消防给水及灭火设施		1. 建筑类别的确定(与建筑专业配合)
	○	2. 消防水源和市政供水情况(几路供水、水压、供水管径等)
	○	3. 消防、喷淋等各系统设计用水量,消防贮水池的设置位置和有效水容积
	○	4. 消防泵房位置,消防水泵的位置和数量,水泵结合器的位置和数量
		5. 高位水箱和稳压设备的设置
		6. 消火栓的设置和消火栓箱的选型(栓口、水龙带、消防卷盘、减压设施等)
	○	7. 自动喷水(喷雾)灭火系统类型(湿式、预作用式、水幕、水喷雾等)和使用场所、危险等级等
		8. 按危险等级确定灭火器保护距离和灭火器箱的设置
	○	9. 其他消防系统(水炮、大空间智能灭火、气体灭火等)的设计和参数确定

设备专业

分项	审定	审查内容
节能、环保、节水措施		1. 节能型卫生洁具以及节能节水设备的选用
		2. 水循环利用等节水措施
		3. 非传统水源的利用情况（如中水利用、雨水利用等）
		4. 用水的计量方式，计量水表设置情况
		5. 噪声与振动控制措施
自动监控	○	给排水设备和消防设施的自动监控情况
绿色建筑		1.（北京地区建筑）是否满足《北京市绿色建筑一星级施工图审查要点》的要求
		施工说明
		1. 各系统使用的管道、保温等材料及做法，管材和设备不应使用已经淘汰的产品
	○	2. 主要设备表和图例没有表示清楚的设备及其附件的选型（阀门：各种手动或自力式阀、电动控制或信号阀、减压阀等；设施：消火栓、自动喷水（喷雾）等设施，热水管道补偿器等）
	○	3. 各系统工作压力要求
		4. 采用的标准或通用图集应为现行的有效版本和参考资料
		5. 其他应注意问题：如水箱材料、穿墙套管的设置、防冻措施、设备减震做法等
		图例
		1. 图例应完整，仅包含本项目设计的管线、设备、装置，各项图例与平面图、系统图的表示应一致
		设备明细表
	○	1. 主要设备编号、名称、主要设计技术参数（注意应根据计算结果采用设计工况计算数值，不是设备样本上的额定数值）、数量、工作压力、服务区域等
	○	2. 设备安装位置和备用情况，必要时应表示各设备运行的联动关系

41

施工图设计文件验证提纲

分项	审定	审查内容
		系统图
生活给水、中水	○	1. 校核供水竖向分区以及减压或调压设施设置的合理性，各区最高、最低卫生器具配水点处的静水压力符合规范的规定
		2. 主要设备、计量装置、管道直径和阀门配件设置合理
生活热水	○	1. 供水竖向分区及减压或调压设置合理并与给水系统相匹配
		2. 太阳能热水系统的设置应满足节能规范的要求
		3. 热水循环的合理性
		4. 主要设备、计量装置、管道直径和阀门配件设置合理
	○	5. 设置固定支架和采取补偿管道伸缩的措施
	○	6. 闭式热水供应系统应设置安全泄压装置
管道直饮水	○	1. 供水竖向分区及减压或调压设施的设置
	○	2. 循环水设计的合理性
		3. 主要设备、计量装置、管道直径和阀门配件设置合理
雨水污、废水		1. 污、废水通气管、透气帽的设置以及底层排水管道的连接
		2. 高层建筑裙房雨水、阳台雨水应单独排放
消火栓	○	1. 管网的连接应保证成环布置，并标注管径、分段检修阀门等
	○	2. 消火栓栓口的静水压力大于1.0MPa时应采取分区给水方式
	○	3. 消火栓栓口动压力大于0.5MPa时，采取减压措施
		4. 消防水泵以及稳压设备与管网的连接和水泵结合器的设置
		5. 主要设备（消防水池、消防泵、稳压设备等）、管道直径和阀门配件
自动喷水	○	1. 报警阀处的工作压力大于1.6MPa或喷头处的工作压力大于1.20MPa时，应分区供水
	○	2. 末端试水装置和试水阀的设置；干式和预作用系统管网末端快速排气阀的设置，有压充气管道的快速排气阀前电磁阀的设置等

设 备 专 业

分项	审定	审 查 内 容
自动喷水	○	3. 报警阀组的选型，连接报警阀进出口的控制阀的设置。系统中设有2个及以上报警阀组时，报警阀前应环状供水
		4. 信号阀和水流指示器、减压孔板或节流管的设置
		5. 消防喷淋水泵以及稳压设备与管网的连接，水泵结合器的设置
		6. 主要设备（消防水池、消防泵、稳压设备等）、管道直径和阀门配件
其他消防系统		1. 固定消防炮灭火系统，主要组件（水炮、电动阀、信号阀、水流指示器、高位水箱、消防泵等）的设置 2. 大空间智能型主动喷水灭火系统，主要组件（喷头及高空水炮、智能型探测器、电磁阀、水流指示器、信号阀、模拟末端试水装置、水泵接合器、高位水箱、消防泵等）的设置
		平面图
给排水	○	1. 各机房设置位置以及平面中各种管道布置的合理性
		2. 标注给排水设备、各种阀门、管道管径、标高、立管编号以及主要管道定位尺寸
		3. 首层或地下层进出建筑外墙的给排水管道管径、标高和定位尺寸，注意给排水管道出户的间距要求
	○	4. 给排水管道避免穿越建筑的一些特殊部位（如：变配电室、电梯机房、通信机房、大中型计算机房、计算机网络中心、音像库房等）
	○	5. 注意管道布置的安全性（如：排水管道不应穿越住宅餐厅、客厅、卧室或位于生活饮用水池、食堂、饮食业厨房的主副食操作、烹调和备餐的上方等）
		6. 卫生间卫生器具不宜在管沟上，排水口不应在结构梁上
	○	7. 给排水管道穿越伸缩缝、沉降缝、变形缝时采取的技术措施

43

施工图设计文件验证提纲

分项	审定	审 查 内 容
给排水	○	8. 热水管道应有补偿管道热胀冷缩的措施，注明管道的坡度、泄水、放气、保温和水循环等
		9. 重力流污废水、雨水管道注意坡度及检查口、清扫口的设置
	○	10. 排水系统通气管的设置（结合大样图、系统图），生活污水集水池应有密封盖和直通室外的通气管
		11. 校核集水池容积
	○	12. 设备机房（空调机房等）、管道层、屋顶水箱间、报警阀室、汽车坡道等排水设施
		13. 注意一些构筑物和设备的排水管应采用间接排水的方式
消防给水		1. 消防设备及各种阀门、管道管径、标高、立管编号、主要管道和立管定位尺寸的标注
	○	2. 室内消火栓给水管道应布置成环（规定的特殊情况除外）
		3. 除Ⅳ类汽车库及Ⅲ、Ⅳ类修车库外，消火栓布置应保证两个消火栓的充实水柱同时到达室内任何部位
	○	4. 消火栓应设置在各层的走道、楼梯间附近等明显易于取用的地点；消防电梯前室内应布置消火栓
		5. 喷淋系统配水管两侧每根配水支管控制的标准喷头数满足规范要求
	○	6. 喷淋系统末端试水装置和试水阀便于操作，且有足够排水能力的排水设施
		7. 喷淋系统应按防火分区设置水流指示器
		8. 与建筑专业配合，核对灭火器的设置
		详图
卫生间		1. 标注建筑尺寸、轴线号、卫生间名称、地面标高、卫生器具排水口定位、立管编号及定位
	○	2. 卫生器具配管布置的合理性

设 备 专 业

分项	审定	审 查 内 容
卫生间	○	3. 管径（以水力计算为基础）和标高的确定
		4. 阀门、配件的设置（检修阀、水表、减压阀等），且设置位置应方便使用
		5. 通气管、地漏、检修口或清扫口的设置
		6. 给水、排水应有透视图和立管图，并与大样图、平面图相符
设备机房		1. 注意设备检修的需要（水箱与建筑墙体的间距、水泵之间的间距、水箱与顶板的间距及水箱距地面的高度等）
		2. 设备的定位，设备基础的尺寸和排水沟的设置
		3. 各种管道、阀门、仪表和与设备之间的连接
	○	4. 各种管道布置的合理性，管道与设备的连接与系统原理图保持一致
		5. 连接水箱（池）的管道和信号装置应齐全，注意溢流管的设置要求
		6. 穿过混凝土水池壁的管道应预留防水套管
		7. 管道应注明管径、标高和管道定位尺寸
	○	8. 热水系统的膨胀管上、安全阀的出水管上、溢流管上严禁设置阀门
		9. 中水池（箱）内的自来水补水管应采取自来水防污染措施，补水管出水口严禁采用淹没式浮球阀补水
		10. 建筑物内的生活饮用水水池（箱）体，应采用独立结构形式，不得利用建筑物的本体结构作为水池（箱）的壁板、底板及顶盖；饮用水箱进水管的防污染措施
	○	11. 消防泵房中一组消防泵的吸水管不应少于两条，吸水管上应设阀门，消防水泵采用自灌式吸水
管井等其他详图	○	1. 管井各种管道的排布合理，间距满足施工要求；管道应定位，应有管道立管编号
		2. 管井中设置的阀门、水表等配件齐全，布置合理
		3. 集水泵坑应标注水位指示，排水泵间距应满足设备安装的要求

45

施工图设计文件验证提纲

分项	审定	审 查 内 容
		外线部分设计施工说明
给水		1. 市政给水进口的方位、数量、管径、标高、供水压力
	○	2. 设计项目需市政供水或自备水源供水的总用水量
雨、污水		1. 雨、污水出建筑红线与市政管网接口方位、数量、管径、标高等,当排入水体(江、河、湖、海等)时,还应说明对排放的要求
	○	2. 说明设计项目总生活排水量、排水的局部处理情况
		3. 室外雨水排水设计采用的暴雨强度公式、重现期,各排出口所带区域的汇水面积、综合径流系数、雨水量等
		4. 雨水控制和利用措施
消防		1. 消防水源和市政供水情况(几路供水、水压、供水管径等)
	○	2. 室内外消防用水量,室外消防管线的成环情况
其他		1. 各系统管材的使用情况,不应使用已经淘汰的产品
		2. 外线图例中,各种管线和室外构筑物,要与平面图一致
		室外管线平面
一般规定		1. 标注红线内的所有建筑物和道路(包括名称、建筑物定位或坐标、室内±0.00绝对标高、室外地面主要区域绝对标高及指北针等)
		2. 不同种类管道之间间距应符合规范要求,满足检查井等构筑物的安装空间
		3. 红线内管道与红线外市政管线或构筑物的连接应到位
给水、热水、消防		1. 室外构筑物应标注定位尺寸,直接或列表标注构筑物型号或详图索引号
	○	2. 管道直径、定位尺寸、埋深或标高
	○	3. 热水管道固定支架和补偿器的设置与选型,并标注补偿器的补偿量

设 备 专 业

分项	审定	审 查 内 容
排水、雨水		1. 注明室外排水构筑物定位尺寸，直接或列表标注构筑物型号或详图索引号
	○	2. 管道定位、管径校核、标高（坡度）、检查井等设置
高程表和纵断面图		
排水管道		1. 高程表标注检查井编号、井距、管径、坡度、地面设计标高以及构筑物进出口管道标高
		2. 纵断面图应表示设计地面标高、排水构筑物进出口管道标高、检查井编号、井距、管径、坡度、井深，并标出交叉管的管径、位置、标高等
人防给排水部分		
设计施工说明		1. 对工程概况、设计范围、参数标准的说明。包括人防工程类别、抗力级别、平时及战时用途、建筑面积以及使用人员等信息
		2. 采用的标准或通用图集应为现行的有效版本和参考资料
		3. 人防的给水水源（包括平时和战时的使用）
	○	4. 人防战时用水量（包括：人员生活、饮用、洗消用水量，口部污染区墙面、地面冲洗用水量和设备用水量）、贮水时间、贮水池容积
	○	5. 穿过人防围护结构的生活给水和消防给水引入管、排水出户管、通气管、供油管的防护密闭措施（如：设置刚性防水套管或外侧加防护挡板的刚性防水套管），以及防护阀门的设置
		6. 各系统管材的使用应满足规范要求
	○	7. 生活水池（箱）、消防水池（箱）的平战转换要求
设备明细表		1. 列出主要设备编号、名称、主要设计技术参数、数量、服务区域、安装位置和设备的备用情况，必要时应索引人防设备安装通用图集的编号
	○	2. 结合计算书，核对各种设备参数应正确、完整，满足设备订货的要求

47

施工图设计文件验证提纲

分项	审定	审 查 内 容
平面图		1. 与人防无关的管道不宜穿过人防围护结构；上部建筑的生活污水管、雨水管、燃气管等不得进入人防地下室
	○	2. 穿过人防顶板、临空墙和门框墙的管道公称直径不宜大于150mm
		3. 给排水、消防管道穿人防围护结构处内侧防护阀门的设置
		4. 排水管注意水封装置、清扫口和防爆地漏的设置
	○	5. 排水系统应按每个防护单元单独设置，宜采用机械排出；非防护区内的污废水不应排入防护区内
	○	6. 人防口部染毒区墙面、地面的冲洗应符合规范要求（包括：地漏、清扫口或集水坑以及冲洗栓和冲洗龙头的设置等）
		7. 生活污水集水池的设置，校核集水池的有效容积，不同用途的洗消废水集水池应按相应要求设置
	○	8. 校核柴油电站冷却水贮水池容积
详图		1. 卫生间详图深度要求与建筑给排水室内部分对应的内容一致
		2. 设备机房深度要求与建筑给排水室内部分对应的内容一致，人防专用设备的安装要求可索引人防设备安装通用图集的编号或参照其内容绘制
计算书		
用水量用热量	○	1. 各类用水量、排水量、用热量统计计算。注意用水定额中一般不包括采暖、空调系统补水和冷却塔消耗的水量，这部分用水量另计；用热量计算中热水用水定额和水温的关系，此水量已包含在冷水定额之内
管道计算		1. 室内生活给水管道设计流量和阻力计算，以及必要的减压计算
给水设备选择计算	○	1. 水泵流量、扬程；气压罐有效容积；系统启停泵压力
		2. 各类水池、水箱有效容积

设备专业

分项	审定	审查内容
生活热水设备选择	○	1. 加热器供热量、贮热容积、换热面积、加热热媒耗量、循环泵流量扬程、膨胀罐容积
直饮水设备选择		1. 直饮水处理设备产水量、供水泵、循环泵流量扬程、原水箱和净水箱容积
消防给水系统设计计算	○	1. 消火栓系统设计流量、管网阻力、水泵扬程、减压孔板或节流管规格
	○	2. 自动喷水灭火系统设计流量、管网阻力、水泵扬程、减压孔板或节流管规格
		3. 灭火器配置计算
排水计算		1. 地下排水提升、室内主要生活污水立管和横干管、室外小区生活污水排水等校核计算;管道是否满足最小坡度要求
		2. 室外小区排水计算:校核管道管径、坡度、排水能力、管内流速;化粪池的有效容积
雨水计算		1. 屋面雨水暴雨强度计算
		2. 重力流雨水系统校核计算:校核悬吊管和排出管流量是否小于其相应管径、坡度和规定充满度时管道的排水能力,并校核管内流速是否低于规定值
		3. 室外小区雨水系统设计计算:综合径流系数;设计降雨历时;暴雨强度;设计雨水量;管段管径、流速、坡度
		4. (北京地区按《雨水控制与利用工程设计规范》DB11/685)外排雨水流量径流系数应满足 4.1.3;雨水调蓄设施容积应满足 4.2.3 第 1 款;年径流总量控制率应满足 4.2.3 第 4 款
人防部分		1. 生活用水、饮用水贮水池(箱)的有效容积
		2. 人员洗消用水量、墙地面洗消用水量
		3. 柴油电站冷却水贮水池的容积等
提供外审的节能计算文件		设置太阳能生活热水节能判断表(北京地区)

注:表中有些验证内容是在说明、系统图、平面图等都需要核对的,因篇幅所限,为避免重复,本提纲相同问题一般只在一处出现。

施工图设计文件验证提纲

暖通空调专业

分项	审定	审 查 内 容
	○	**设计输入**——核对建设方提供的设计依据文件的完整性和有效性,包括但不限于:
		1. 初步设计文件及建设方确认意见、政府主管部门审批意见
		2. 室外冷热源管网图、有关冷热源的压力、温度等设计计算参数的文字资料
		设计说明
总则		1. 建筑类别、建筑概况(包括建筑功能、建筑面积、建筑高度等)等信息
		2. 设计依据的设计规范、标准版本的有效性、地方适用性
		3. 设计范围和需与有关单位协作设计的内容及分工范围
供暖	○	1. 系统设计合理,对系统的描述与实际情况相符
	○	2. 校核室内、外设计参数,供暖系统热负荷、系统阻力、热指标
通风空调		1. 系统设计合理,对系统的描述与实际情况相符
	○	2. 校核室内、外设计参数(包括新风要求、换气次数等),空调系统冷热负荷、系统阻力、冷负荷指标
	○	3. 各功能房间空调空气处理方式的合理性
防火、防排烟		1. 防烟楼梯间、前室及合用前室防烟系统的设置,机械排烟系统的设置
		2. 通风系统的防火设计
冷热源		1. 空调、供暖等冷热负荷容量,其他用热系统(生活热水、游泳池加热等)容量
		2. 冷热源形式选择的合理性,冷热源介质参数(如水温、压力等)

设备专业

分项	审定	审 查 内 容
节能环保专篇	○	1. 按照节能设计标准等核查各水系统平衡和自控设施
	○	2. 按照节能设计标准等核查空调风系统是否考虑变新风比运行，新排风热回收情况，内区全年供冷时是否考虑了免费冷源
		3. 供热计量的设置
		4. 噪声与振动控制措施、废气排放措施等
其他	○	1. 供暖、通风、空调、消防设施自动监控系统设置情况
		2. 需要与有关单位协作设计的内容，应提出相关设计要求
绿色建筑		1.（北京地区建筑）是否满足《北京市绿色建筑一星级施工图审查要点》的要求
施工说明		
	○	1. 设计中使用的管道、风道、保温等材料及做法的适用性、可靠性；管材和设备不应使用已经淘汰的产品
	○	2. 校核各系统工作压力值，各种阀件、仪表、设备选择的合理性
		3. 各设备、管道和风道减振、防噪设施的配置
		4. 散热器的型式能否与建筑物相适应并能承受系统最高工作压力
		5. 作为施工依据的规范、规程的有效性
图例		
		1. 图例应完整，仅包含本项目设计的管线、设备、装置，与平面图等表示一致
设备表		
	○	1. 主要设备编号、名称、主要设计技术参数、数量、承压、服务区域，设备安装位置和备用情况，必要时应表示各设备运行的联动关系
	○	2. 结合计算书，核对设备各项技术参数，注意应采用设计工况计算数值，不是设备样本上的额定数值
系统图		
冷热源	○	1. 系统设计节能合理，各循环水泵与冷水机组、冷却塔、热交换器、锅炉的对应关系正确

施工图设计文件验证提纲

分项	审定	审 查 内 容
冷热源	○	2. 阀门（包括电动阀、调节阀等）、过滤器、仪表和配件等设置合理，每栋建筑的冷源和热源入口处设置计量装置
		3. 核对主要管径，设备编号及其数量与设备表一致
	○	4. 合理选择补水定压方式，膨胀管、补水管与系统的连接方式
	○	5. 冷水系统压差控制旁通阀的合理设置
	○	6. 各冷却塔之间的平衡措施，平衡管、电动阀的设置
	○	7. 冬季使用的冷却水系统温控旁通阀的合理设置
		8. 热交换器 次水出口温控调节阀对二次水供水温度的控制
	○	9. 锅炉热水系统适应变流量运行的措施（压差控制旁通或水泵变频运行）
通风空调防排烟	○	1. 各功能房间风系统形式的合理性，房间风量及风量平衡情况
	○	2. 设备、风阀（包括调节阀、防火阀、排烟阀、电动阀、止回阀等）、风口（包括送风口、回风口、排风口、排烟口等）、消声器等各种部件设置的合理性
		3. 设备编号、系统编号、楼层标高和层数、系统服务的区域名称，主要风道尺寸、气流方向，风口名称或编号，风口尺寸，主要风道和风口的最大风量
		4. 设备编号及在不同工况时的风量与设备表的一致性
	○	5. 平时通风和火灾防排烟合用系统，工况转换关系、电动控制阀的设置
		6. 设置气体灭火系统的房间各种风道电动风阀设置情况
	○	7. 机械排烟系统、补风系统的合理配置，加压送风系统防超压措施
空调水系统或立管图	○	1. 空调水系统形式、分区等设计的合理性
	○	2. 空调机组、新风机组、风机盘管等末端装置及控制阀、平衡阀、关断阀、放气、泄水、固定支架、补偿器、仪表等设置情况，补偿器标注的补偿量

设备专业

分项	审定	审 查 内 容
空调水系统或立管图		3. 设备编号、立管编号、管道走向、管径标注、立支管与干管的接管关系等，楼层标高和层数
		4. 多联机空调系统制冷剂管道、冷凝水管道布置
供暖水系统或立管图	○	1. 供暖系统形式、分区等设计的合理性
	○	2. 设备、散热器、温控阀、平衡阀、关断阀、放气、泄水、固定支架、补偿器等设置情况，补偿器标注补偿量
	○	3. 设备编号、立管编号、管道走向、管径标注、立支管与干管的接管关系等，楼层标高和层数
	○	4. 住宅集中供暖系统分户热计量和温度控制装置
	○	5. 有冻结危险的楼梯间或其他场所，单独设立管，散热器前不设调节阀
		6. 楼梯间散热器以楼层的高低按比例分配
		平面图
供暖平面	○	1. 各机房设置位置以及平面中各种管道布置的合理性
	○	2. 锅炉房的位置应满足规范对容量限制的要求
	○	3. 首层平面或地下层平面系统入口标注系统供热量、压降，入口供热计量装置
	○	4. 管道布置的合理性；住宅集中供暖系统用于总体调节和检修的设施不应设于套内
	○	5. 住宅集中供暖系统分户热计量和温度控制的装置是否完整，与说明是否相符
	○	6. 设备、散热器、温控阀、调节阀、关断阀、放气、泄水、固定支架、补偿器等设置情况，补偿器标注补偿量，核算管道坡度
		7. 各组散热器安装位置尺寸是否足够，与电气插座、空调室内机等有无矛盾
		8. 校核标注的散热器片数或长度与计算书、系统图或立管图的一致性

53

施工图设计文件验证提纲

分项	审定	审 查 内 容
供暖平面		9. 幼儿园散热器暗装或加防护罩情况
		10. 管沟尺寸与敷设的管道数量，人孔、通风孔位置
	○	11. 合理布置热水地面辐射供暖系统分集水器和地埋管，应标注房间热负荷
		12. 标注设备编号、设备定位尺寸（有详图时，可不定位）、管道管径、标高、坡度和立管编号是否完整
		13. 供暖管道是否避免穿越建筑的一些特殊部位（如：变配电室、电梯机房、通信机房、大中型计算机房、计算机网络中心、音像库房等）
		14. 烟囱的高度应符合《锅炉大气污染物排放标准》GB 13271 的要求
通风空调防排烟平面	○	1. 风道布置，设备、风阀（包括调节阀、防火阀、排烟阀、电动阀等）、风口、消声器等各种部件设置的合理性
		2. 设备编号和定位尺寸，风道及其定位尺寸、标高，立管和系统编号，风口定位尺寸、名称或编号、气流方向，各房间风量的标注
	○	3. 空调风道系统是否按防火分区设置，满足防火规范要求
	○	4. 走道、无窗房间、中庭、歌舞娱乐放映游艺场所等排烟设施设置及补风设置是否满足规范要求
	○	5. 通风与排烟合用系统，工况转换用电动控制阀的设置
	○	6. 厨房局部通风、全面通风、事故通风，排油烟系统油烟净化装置的设置
	○	7. 有人停留的无外窗房间、潮湿或有异味产生的房间及各类机房机械通风设置情况
		8. 各房间气流组织、风量平衡、空调房间是否正压
		9. 校核外墙进风百叶、排风百叶的有效面积，风速应在允许范围内，进排风口设置位置、间距是否满足规范要求

设备专业

分项	审定	审 查 内 容
通风空调防排烟平面		10. 防排烟风道、风口风速应符合规范要求
		11. 排烟风口与疏散口的距离应符合规范要求
		12. 设置气体灭火系统的房间各种风道电动风阀设置情况
空调水管道平面	○	1. 设备、管道布置的合理性，应利于水力平衡
	○	2. 设备、风机盘管、温控阀、调节阀、关断阀、放气、泄水、固定支架、补偿器等设置，补偿器标注补偿量，核算管道坡度
	○	3. 各房间风机盘管机组容量合理配置，和计算书一致
		4. 多联机空调系统制冷剂管道、冷凝水管道、冷凝水管排放点布置合理
		5. 合理设置空调
		6. 标注设备编号，设备和主要管道定位尺寸，管道管径、标高和立管编号
		详图
设备机房		1. 冷热源机房详图与系统流程图的一致性
		2. 注意设备检修的需要（冷水机组检修空间、水泵之间的间距等）
		3. 设备、管道、风道、风口、风阀、水阀、仪表等是否绘制完整，管道管径、风道尺寸标注是否齐全
		4. 设备及其基础尺寸和定位尺寸等的标注，剖面详图设备、管道、风道标高的标注
		5. 必要的剖面详图
管井等其他详图		1. 管井内各种管道的排布合理，间距满足施工要求；管道应定位，应有管道立管编号
		2. 管井中设置的阀门、仪表等配件齐全，布置合理
		3. 必要的接管大样，如散热器、风机盘管、分集水器等，或详见标准图集

施工图设计文件验证提纲

分项	审定	审查内容
		暖通室外管线图
设计施工说明		1. 市政热力、集中冷源等的接口方位、数量、管径、水温情况
		2. 室外管道的管材设置、连接方式、防腐做法等
平面图		1. 室内±0.00绝对标高和室外地面主要区域绝对标高的标注
	○	2. 建筑红线内供热、供冷、冷却水等管道走向,阀门(检修阀、放气阀、泄水阀)等的设置,疏水装置和就地安装的测量仪表等位置及其做法
	○	3. 管道固定支架、补偿器位置,补偿器选型,方形补偿器尺寸或成品补偿器伸缩量
		4. 管道管径、标高和定位尺寸的标注
热力管道纵断面图		1. 管道坡向、标高,沟底标高、管沟断面尺寸等
		2. 埋地敷设管道填砂层厚度、埋深
		人防暖通部分
设计输入		1. 人防初步设计文件和政府主管部门的审批意见
设计施工说明		1. 对工程概况、设计范围、参数标准的说明。包括人防工程类别、抗力级别、建筑面积以及使用人员等信息
		2. 采用的标准或通用图集应为现行的有效版本和参考资料
	○	3. 采用的风量标准、风量及相关参数的计算值
	○	4. 人员掩蔽所战时隔绝防护时间的校核计算值
		5. 柴油发电机房清洁式通风进风、排风量计算值
	○	6. 平时及战时使用的各系统设置是否满足规范要求,对平战转换及施工要求等的说明
	○	7. 防烟、排烟设施的设置
		8. 各系统水管道、风道材质、阀门及配件类型、要求
		9. 管道穿越防护密闭隔墙、密闭隔墙的做法要求
	○	10. 空调、供暖水系统工作压力值

设 备 专 业

分项	审定	审 查 内 容
图例		1. 图例应完整，与人防外平面图、系统流程图的表示应一致
设备明细表		1. 主要设备编号、名称、主要设计技术参数、数量、服务区域、安装位置和设备的备用情况，必要时应索引人防设备安装通用图集的编号
	○	2. 结合计算书，核对各种设备参数的正确、完整，满足设备订货的要求；过滤吸收器额定风量严禁小于通过该过滤吸收器的风量
平面图		1. 与防空地下室无关的管道不宜穿过人防围护结构
		2. 穿过防空地下室顶板、临空墙和门框墙的管道公称直径不宜大于 150mm
	○	3. 进入防空地下室的管道及其穿过的围护结构，采取的防护密闭措施
	○	4. 供暖和空调水管道在人防围护结构内侧设置工作压力不小于 1.0MPa 的阀门；穿越防护单元隔墙的供暖和空调水管道，在隔墙两侧设置工作压力不小于 1.0MPa 的阀门
		5. 设两台及以上柴油发电机时，排烟支管单向阀的设置
		6. 管道、风道应标注管径、定位尺寸及标高，校核口部进风口尺寸
系统图	○	1. 分别校核进风系统和排风系统流程是否满足规范示意图的流程
详图		1. 设备机房深度要求与暖通空调室内部分对应的内容一致，人防专用设备的安装要求可索引人防设备安装通用图集的编号或参照其内容绘制
		2. 应绘制测压管、取样管安装大样
计算书		
	○	应注明电算程序来源和名称；需要时附上相应的计算简图

57

施工图设计文件验证提纲

分项	审定	审 查 内 容
供暖设计	○	1. 室内外计算温度、计算条件与区域；建筑各围护结构平均传热系数 K 值与建筑专业热工设计及节能计算一致
	○	2. 根据供暖房间性质（建筑高度等），判定应采用的冷风渗透计算方法
		3. 住宅供暖负荷联合计算及散热器选择： 分户热计量供暖热负荷的计算，应入户间传热量；热源修正系数
	○	4. 供暖管道水力平衡计算：应对分支节点进行各环路的平衡率计算
		5. 供暖系统总压力损失是否适应供暖外线供回水资用压差
		6. 室内蒸汽和凝结水管道的管径，以及疏水器、减压装置、凝结水回收装置等附件和设备的选择计算（系统较简单的可在计算草图上注明数据不另作计算书）
通风空调防排烟	○	1. 空调房间冷、热负荷计算
	○	2. 空气处理机组（含空气热回收装置）选择计算，机组风量、制冷量、制热量、加湿量计算
		3. 空调系统末端设备（包括空气处理机组、风机盘管、变制冷剂流量室内机、变风量末端设备等）的选择计算
		4. 空调冷热水、冷却水系统水力计算；压差旁通阀等控制阀口径
		5. 通风、防排烟等各系统风量计算，系统阻力计算，风机选型计算
		6. 必要的气流组织计算
冷热源	○	1. 冷热源设备（冷水机组、热交换器等）选型计算
	○	2. 冷热水、冷却水等水泵选择计算
室外管线设计计算		1. 管网水力平衡计算，系统复杂时应绘制热力管网水压图
	○	2. 热力管道的补偿器选择和固定支架推力计算（标准图集或通用图集中涵盖的支架可直接选用）

分项	审定	审 查 内 容
人防部分	○	1. 应计算防护单元的清洁式通风量、滤毒通风的新风量
	○	2. 应计算柴油发电机房清洁式通风的进、排风量
提供外审的节能计算文件	○	1. 北京市居住建筑需提供审查单位以下节能设计计算文件： 1）供暖热负荷计算书； 2）采用集中空调时，空调冷负荷计算书； 3）室外管网水力平衡计算书； 4）节能判断表
	○	2. 北京市公共建筑需提供审查单位以下节能设计计算文件： 1）空调冷负荷计算书； 2）供暖热负荷计算书； 3）空调、供暖水系统管网水力平衡计算书； 4）节能判定表和计算表； 5）进行空调系统权衡判断时，空调系统权衡判断计算输出报告
	○	3. 其他地区设计项目应根据有关节能标准或规定以及当地审查单位要求，提供节能设计计算文件

注：表中有些验证内容是在说明、系统图、平面图等都需要核对的，因篇幅所限，为避免重复，本提纲相同问题一般只在一处出现。

# 电气专业施工图
设计文件
验证提纲

电气专业

电气专业施工图设计文件验证提纲

分项	审定	审 查 内 容
		设计输入——核对建设方提供的设计依据文件的完整性和有效性,包括但不限于:
输入资料	○	1. 供电部门提供的供电方案
	○	2. 电信、有线电视等智能化系统引入方案的相关资料
	○	3. 室外市政管网强电、智能化系统的相关资料
		设计说明
建筑概况	○	1. 建筑概况,包括建筑类别、性质、功能、面积、层数、层高、建筑物高度、楼板厚度、垫层厚度、吊顶情况和结构形式等
设计依据	○	1. 采用的规定、设计标准应与本工程相适应,并为现行有效版本
	○	2. 外埠工程需要采用地方规定、标准时应一并列入,并为现行有效版本
	○	3. 引入有关政府主管部门认定的工程设计资料:供电方案,消防、初步设计批文等
	○	4. 引入有关建设方认定的工程设计资料:设计任务书、设计备忘等
	○	5. 施工图集只能作为参考资料引入,不能列为设计依据
	○	6. 对于改造项目设计依据中应引入原有设计项目的相关技术资料
	○	7. 改造项目应说明改造的内容、范围、与原设计的接口关系等
设计分工	○	1. 明确设计分工界面,说明各电气系统的设计内容
	○	2. 外线设计应说明与用地红线外市政管网的界面关系
负荷分级	○	1. 根据实际用电负荷性质明确其等级划分
	○	2. 按负荷分级分别统计容量,包括应急电源所带负荷
电源条件	○	1. 明确供电电源条件,如:双重电源、单电源、自备电源等

施工图设计文件验证提纲

分项	审定	审 查 内 容
变配电	○	1. 变、配、发电站电源电压等级、高压侧系统接地形式、系统短路容量、进线电源线路敷设方式等
	○	2. 高压分界小室的设置
	○	3. 变、配、发电站的位置、形式，如：户内或户外，装机容量和低压侧系统接地方式等总体情况
	○	4. 高压设备的控制/操作电源形式、电压等级和继电保护、相关信号等的设置要求
	○	5. 高压柜、变压器、低压柜进出线方式
	○	6. 高、低压供电系统结线型式及运行方式，母线联络方式以及重要负荷供电方式等
	○	7. 备用电源和应急电源的形式、性能要求、容量以及与正常电源的转换关系
	○	8. 应明确柴油发电机的启动条件
		9. 明确无功补偿方式和补偿后的参数指标要求
		10. 滤波与补偿相结合时，应明确谐波抑制治理方案及相关参数指标要求
	○	11. 居住建筑应说明变电室的管理模式，如：低基变电室或高基变电室
	○	12. 对于低压用户，应说明总配电间位置、进线电源电压等级、电源路数、电源由何处引接、线缆引入方式、系统保护接地的形式和接地电阻的要求等
	○	13. 明确计量方式
	○	14. 消防负荷、重要负荷、容量较大的负荷等的配电方式
线路敷设	○	1. 母线、电缆、电线的材质、性能、规格型号等选型要求
	○	2. 不同系统缆线敷设原则，如：消防线路与非消防线路的隔离措施
	○	3. 对电缆桥架、金属槽盒及配管的相关要求，如：材质、防火措施等
	○	4. 改造项目设计的线路敷设方式与改造后建筑结构条件应匹配合理

电气专业

分项	审定	审 查 内 容
通用电气设备	○	1. 通用电气设备构成内容及相应的供配电方式，如：制冷机组随机配套的启动柜配电要求等
		2. 针对设备专业系统工艺要求，合理配置水泵、风机、阀门等设备启动及控制方式
		3. 电气设备的安装方式
照明系统	○	1. 明确与工程相适应的照度标准及照明功率密度值等相关参数
	○	2. 室内外照明系统的光源和灯具选型、照明控制方式
		3. 室内外灯具安装方式、接地要求、线路敷设方式、导线选择要求
		4. 镇流器的选择要求
	○	5. 应急照明的电源型式和持续供电时间，控制方式、照度值和灯具配置等
防雷接地	○	1. 提供年预计雷击次数计算结果，明确防雷类别划分
	○	2. 提供建筑物雷击风险评估计算结果，明确建筑物电子信息系统雷电防护等级划分
	○	3. 建筑物防雷装置如：接闪器、引下线、接地装置和电涌保护器等应设置合理
		4. 利用金属屋面作接闪器时对其材质、规格及屋面保温材料等应提出限定要求
	○	5. 建筑物有玻璃幕墙体系时，应对相关的防雷接地设计提出具体连接要求
	○	6. 防雷击电磁脉冲和防高电位侵入、防接触电压和跨步电压的措施
	○	7. 建筑物防雷及电气各系统接地的种类、接地做法要求和接地电阻值

施工图设计文件验证提纲

分项	审定	审 查 内 容
防雷接地	○	8. 接地装置的形式，需要作特殊处理时应明确具体措施和方法
	○	9. 总等电位、局部等电位等装置的设置位置、做法要求
	○	10. 浴室、游泳池、喷泉池等特殊场所的安全防护要求和具体做法
	○	11. 改造项目应明确防雷接地装置的检测与更新要求
节能	○	1. 电气节能采用的设计和措施、相关参数指标、节能产品的应用情况
		2. 根据工程实际情况明确不同线路电压降的控制指标
		3. 当工程中谐波危害比较严重时，应对拟采取的谐波治理措施提出要求
绿色	○	1. 电气绿色设计措施
		2. 北京市房屋建筑类项目，应达到绿色建筑等级评定一星级以上标准要求
其他	○	1. 电气设备选型的主要技术要求、环境等特殊要求
		2. 引入的参考图集应与本工程相适应，并为现行有效版本
	○	3. 对施工图中未尽事宜的主要设计原则应有说明
智能化系统（注1）	○	1. 项目各子系统主要技术功能、系统设备参数配置标准及指标，阐述相关子系统间信息集成或联动控制要求
	○	2. 智能化系统机房及功能管理中心规划要求，明确相关机房位置、面积、环境要求及等级划分
	○	3. 智能化系统机房电源配置要求，如：电源质量、备用电源形式和连续供电时间，以及各系统接地形式等
	○	4. 智能化系统有源设备供配电设计要求
		5. 外线入户方式、进出线及接入机房位置
		6. 智能化系统机房土建、结构、设备及电气条件需求
	○	7. 提出待处理和协调的问题及注意事项

电气专业

分项	审定	审 查 内 容
建筑设备监控系统	○	1. 系统内容和架构、信息采集内容及方式，各子系统监控要求及与 BMS 的接口关系
	○	2. 与工程相适应的监控对象（设备）的监控要求
	○	3. 控制网络规划、传输线缆选择及敷设方式
	○	4. 网络设备、控制器、执行器、传感器等主要设备、器件配置及参数指标选择原则
		5. 末端设备、有源器件的配电要求
		6. 末端设备、器件缆线的选择及敷设方式
通信系统	○	1. 说明系统的组成，明确各类通信接入方式及网络
		2. 进出线容量、引入位置和敷设方式
	○	3. 通信交接间或交接机房规划应满足按当地电信管理部门或运营商规定
	○	4. 预留的用户交换机房，应明确预估的设备容量、系统中继线数量
		5. 按用户需求说明预留线路敷设通道、设备安装位置要求
		6. 交换机房、室内移动通信覆盖系统、卫星通信系统、无线通信系统设备等由运营商设计与安装应做说明，选用的设备应有电信部门的入网许可证
综合布线系统	○	1. 说明综合布线系统的应用范围，设备间、交接间、配线间的位置、面积等
	○	2. 系统等级与类别的确定应与工程应用需求相适应
	○	3. 规划标准应与用户需求相适应，通信信道长度限值应符合规定
		4. 线缆、机柜或配线架的选型要求以及线缆的敷设方式
		5. 仅设计系统通道位置（或预留条件）时应做说明
广播系统	○	1. 与消防应急广播的控制关系、接口方式。与应急广播合用系统时设备选型应符合消防要求

67

施工图设计文件验证提纲

分项	审定	审 查 内 容
广播系统		2. 扩声系统对服务区以外有人区域环境噪声的控制要求
	○	3. 广播系统设备的选择要求及计算，包括机房设备、扬声器等
	○	4. 信号传输方式、传输线缆选型要求及敷设方式
		5. 公共广播功率传输线路的绝缘电压等级应与其额定传输电压相适应
安全防范系统	○	1. 系统防护级别应与被防护对象风险等级相适应，系统配置及设备布置原则应合理
	○	2. 应有保证自身安全的防护措施和进行内外联络的通信手段，设置紧急报警装置和留有向上一级接处警中心报警的通信接口
	○	3. 系统设备选型必须符合国家法规和现行相关标准的要求，并应经检验或认证合格
	○	4. 与火灾报警及联动控制系统、应急照明系统等的联动控制关系及接口方式
		5. 电源、视频、控制等线路的选型要求及敷设方式
有线电视及卫星电视接收系统	○	1. 说明系统规模、网络模式、传输方式、频段分割和用户输出口电平等
		2. 节目源的设置及频道数量：收视地方有线电视信号、有无卫星节目、自办节目
		3. 说明收视卫星节目时应满足国家相关部门的管理规定等
	○	4. 用户分配网络、导体选择及敷设方式
火灾自动报警系统	○	1. 采用的规定、设计标准应与本工程相适应，并为现行有效版本
	○	2. 外埠工程需要采用地方规定、标准时应一并列入，并为现行有效版本
	○	3. 引入有关政府主管部门认定的工程设计资料：消防批文、已批复的性能化报告等

电气专业

分项	审定	审 查 内 容
火灾自动报警系统	○	4. 火灾自动报警系统形式和组成
	○	5. 消防控制室位置及内部设备、接收及发出消防信号的种类，概括消防控制室设备的控制及显示功能
	○	6. 火灾报警控制系统的管理方式
	○	7. 当地消防部门有园区联网报警要求的以及业主有系统远程维护要求的，设计应明确系统网络要求
	○	8. 消防联动控制方式及显示功能的要求，如：排烟风机与补风机的联动控制、正压送风机控制、消防电梯/普通电梯的控制及显示等
	○	9. 不同功能场所火灾探测器的选型、设置要求
	○	10. 手动火灾报警按钮、火灾警报器、区域显示器、防火门监控器、模块等消防设备的设置要求
	○	11. 消防系统阀门的状态和控制信号要求
	○	12. 应急照明强制启动、非消防电源强制切断的措施
	○	13. 消防应急广播主机容量
	○	14. 消防应急广播扬声器的功率、安装位置、间距要求
	○	15. 火灾时对公共广播系统设备的切换措施
	○	16. 火灾时对共用扬声器音量控制器的切换措施
	○	17. 消防通信系统的配置，如：消防专用电话总机、电话分机、电话插孔、直接报警的外线电话等的设置
	○	18. 消防控制室设置电梯监控盘时，说明消防状态下的电梯运行控制、状态显示
	○	19. 应急照明电源形式，当采用蓄电池作为备用电源时的连续供电时间
	○	20. 应急照明和疏散指示标志灯具布置要求
	○	21. 应急照明和疏散指示标志灯具的材质要求
	○	22. 电气火灾监控系统功能与配置

施工图设计文件验证提纲

分项	审定	审 查 内 容
火灾自动报警系统	○	23. 火灾自动报警及联动控制系统线路的型号规格、敷设方式
	○	24. 消防设备电源线缆的选择要求
	○	25. 火灾自动报警及联动控制系统接地的要求和接地电阻值
	○	26. 火灾自动报警及联动控制主机容量的配置、电源及备用电源的配置应满足要求
		图例（注 2）
		1. 参照国标图例，列出工程采用的相关图例，注明主要技术参数、安装方式等内容
		主要设备表
		1. 列出主要设备名称、型号、规格、单位、数量等，篇幅不大时可作为设计说明的一部分表示
		平面图
总平面	○	1. 市政（或外线）电源和通信以及有线电视等进入红线的位置、接入方式和标高
	○	2. 标明园区及建筑物内变电所、智能化系统机房等位置、各建筑物强电、智能化系统线路引入口位置
		3. 强电、智能化系统线路敷设路径、方式及标高，与燃气、蒸汽、给排水等管道敷设间距及防护措施应符合规定
		4. 人（手）孔井、电缆沟、电缆隧道等的定位尺寸
		5. 线缆型号规格及数量、回路编号，并注明敷设标高
	○	6. 管线穿过道路、广场下方的保护措施
		7. 室外配电箱的编号、型号，室外照明灯具的规格、型号、容量及接地
电力平面	○	1. 变电所的位置应深入或接近负荷中心、进出线方便，并应避开潮湿、积水、火灾危险环境和爆炸危险环境
	○	2. 变电所不应与居住、办公房间上下或贴邻布置

电气专业

分项	审定	审 查 内 容
电力平面	○	3. 柴油发电机房位置应满足进风、排风、排烟、运输等要求
	○	4. 柴油发电机储油措施应合理，包括油箱间设置或室外油罐的设置
	○	5. 电气小间（或电气竖井）位置和数量应合理
	○	6. 电源引入方向及位置应合理、标高准确、与其他专业相关设计协调
	○	7. 配电干线应沿公共通道敷设，路径选择应综合线路压降、与其他专业管线协调、安装维护等要求确定
	○	8. 配电箱位置应合理，满足防火、安装、维修和操作等要求
		9. 电力配电箱相关标注应与配电干线系统图一致
		10. 注明用电设备的编号、容量等
		11. 远方控制的电动机，应有就地控制和解除远方控制的措施
		12. 桥架、金属槽盒、母线应注明规格、定位尺寸、安装高度、安装方式及回路编号
		13. 注明导线穿管规格、材料，敷设方式，如：暗敷、明敷、吊顶内敷设及回路编号
		14. 支线线路不应跨防火分区敷设
		15. 线路通过梁、板、外墙等位置的做法
		16. 管线暗埋区域楼板、垫层、墙体的材料及厚度应满足敷设要求，敷设在钢筋混凝土现浇楼板内的导管最大外径不宜大于板厚的1/3
		17. 对于预应力、钢结构等结构形式，线路敷设还应满足结构专业的限定要求
		18. 采用地面金属槽盒、网络地板敷设方式时，应核对与土建专业配合的预留条件
		19. 结合实际工艺要求合理布置管线

施工图设计文件验证提纲

分项	审定	审 查 内 容
照明插座平面		1. 照明配电箱相关标注应与配电干线系统图一致
		2. 灯具规格型号、安装方式、安装高度及光源数量应标注清楚，也可在图例中表示
		3. 每一单相分支回路所接光源数量、插座数量应满足要求
	○	4. 提供与工程相适应的照度标准及照明功率密度值，列表或在设计说明中描述
		5. 配电箱、插座、开关、接线盒等布置应与消火栓、暖气、空调及门窗等协调
		6. 灯具布置应与广播扬声器、火灾探测器、水喷洒头、送回风风口等协调
	○	7. 疏散指示标志灯的安装位置、间距、方向以及安装高度应符合规定
	○	8. 根据实际需求确定照明控制方式
		9. 照明开关位置、所控光源数量、分组应合理
		10. 对使用功能、安装位置及高度等有特殊要求的插座，应标注清晰或在图例中标明
		11. 分支路长度合理，灯具端电压偏差应满足要求
		12. 风机盘管、VRV室内外机配电及控制线路的配管配线应满足要求
		13. 照明配电及控制线路导线数量应准确，与管径相适宜
	○	14. 当采用Ⅰ类灯具时，明确外露可导电部分的接地要求
		15. 灯具的布置应满足场所的使用要求，如：教室黑板灯、医疗场所紫外线杀菌灯、航空障碍灯等
		16. 无障碍卫生间设置的呼叫按钮位置及安装高度
防雷及接地安全平面	○	1. 接闪器的规格和布置要求
	○	2. 金属屋面、玻璃幕墙的防雷措施
	○	3. 高出屋面的金属构件与防雷装置的连接要求
	○	4. 防侧击雷的措施

电气专业

分项	审定	审 查 内 容
防雷及接地安全平面	○	5. 防雷引下线的数量和距离要求
	○	6. 防接触电压和跨步电压的措施
	○	7. 接地线、接地极的规格和平面位置以及测试点的布置，接地电阻限值要求
	○	8. 防直击雷的人工接地体在建筑物出入口或人行道处的处理措施
	○	9. 低压用户电源进线位置及保护接地的措施
	○	10. 等电位联结的要求和做法
	○	11. 强电、智能化系统机房的接地线的布置、规格、材质以及与接地装置的连接做法
智能化平面（注3）		1. 校核外线入户方向与机房的位置应合理
		2. 标明室外线路走向、预留管道数量、电缆型号及规格、敷设方式、人（手）孔位置及间距，也可结合电气总平面绘制
		3. 外线与其他地下管线及建筑物间的最小净距应符合规定
		4. 各系统、各类信号线路敷设的桥架或金属槽盒应齐全，与管网综合设计统筹规划布置
	○	5. 各系统、各类信号线路之间的距离以及与电力、燃气、蒸汽、水等管道的间距、位置关系以及防护措施应符合规定
	○	6. 智能化各子系统接地点布置、接地装置及接地线做法，以及与建筑物综合接地装置的连接要求，与接地系统图标注对应
		7. 各层平面图应包括设备定位、编号、安装要求，线缆型号、穿管规格、敷设方式，金属槽盒规格及安装高度等
		8. 采用地面金属槽盒、网络地板敷设方式时，应核对与土建专业配合的预留条件
		9. 敷设在钢筋混凝土现浇楼板内的电管的最大外径不宜大于板厚的1/3
		10. 对于预应力、钢结构等结构形式，线路敷设还应满足结构专业的限定要求
		11. 校核无障碍设计的电话、紧急求助或呼叫按钮的设置及安装高度

施工图设计文件验证提纲

分项	审定	审查内容
建筑设备监控系统平面	○	1. 标明控制主机位置、DDC位置和编号以及主干线路敷设路径、金属槽盒规格及安装高度或管线敷设方式
		2. 说明平面中未表示的末端管线及金属槽盒的处理方法，以及设计需进一步深化的要求
		3. 有源设备、器件等对象的供配电线路应有表示或索引相关设计文件
通信、综合布线系统平面	○	1. 信息点布置应合理到位，包括集合点CP的位置，需要装修阶段配合布点的区域应在图中明确
	○	2. 综合布线系统线缆选型及相应的布线长度应符合规定
		3. 平面设计应按系统配置标准与系统图标注一致
		4. 居住建筑智能家居配线箱至出线盒的暗管不应穿越非本户的其他房间
		5. 居住建筑智能家居配线箱位置应考虑预留电源条件
广播系统平面		1. 扬声器的选型、布置与安装应合理，回路划分应与平面功能分区匹配
	○	2. 应急广播的线路敷设应符合防火布线的要求
有线电视和卫星电视接收系统平面	○	1. 卫星天线的安装位置、基础做法、管线敷设、防雷措施等
		2. 卫星电视接收站宜与前端合建在一起，校核室内单元与馈源之间的距离，以及信号线保护导管截面积
		3. 用户电视出线口的形式及位置，应与电源插座位置关系相适应
		4. 安装在电气小间外的分支分配器箱，应标明安装方式及高度
		5. 现场放大器等有源设备或器件的供配电设计
安全技术防范系统平面		1. 报警信号传输线的耐压及截面选择应满足要求
		2. 针对线缆选型、敷设方式和防护措施校核与具有强磁场、强电场的电气设备之间的净距离

电气专业

分项	审定	审查内容
安全技术防范系统平面	○	3. 摄像机的安装位置和高度应与平面功能划分相匹配
		4. 无障碍客房或高级套房的床边和卫生间应配置求助呼叫装置
		5. 独立式住宅一层、二层及顶层的外窗、阳台应设入侵报警探测器
		6. 独立式住宅燃气进户管宜配置自动阀门，在发出泄露报警信号的同时自动关闭阀门，切断气源
		7. 养老院床头应设呼叫对讲系统
		8. 体育建筑在观众区卫生间门外宜设联动声光报警装置
		9. 加气站、加油加气合建站应设置可燃气体检测报警系统
		10. 居住建筑装有访客对讲装置或其他电子出入管理系统时，其所有通往楼内的通道口，包括地下车库直接通向楼内的通道，也应安装与楼门相同的出入管理设备
	○	11. 校核与火灾报警及联动控制系统、应急照明系统联动控制的线路
		12. 现场有源设备或器件的供配电设计
火灾自动报警联动控制平面	○	1. 消防值班室位置面积应合理，严禁穿过与消防设施无关的电气线路及管路，不应与电磁干扰源相邻
	○	2. 火灾警报器安装场所、高度、位置及间距等应满足要求
		3. 示意防火分区、防烟分区或索引相关专业示意图
		4. 火灾探测器安装位置应满足探测要求，如：顶棚坡度、梁高及间距影响
		5. 楼梯间火灾报警探测器的设置
	○	6. 消防专用电话、消防应急广播扬声器、手动火灾报警按钮、火灾警报器安装高度、间距应满足要求
		7. 疏散通道防火卷帘门两侧应设置感烟、感温探测器组及手动控制按钮
	○	8. 排烟阀的电动及手动控制管线应布置到位

施工图设计文件验证提纲

分项	审定	审 查 内 容
火灾自动报警联动控制平面	○	9. 根据设备要求在疏散楼梯间及前室设置压力传感器、屋顶正压送机处设旁通阀等所需控制管线
	○	10. 标明气体灭火区域火灾探测器、声光警报器、放气指示灯、控制盘、排风机等的位置，以及相关的报警联动控制管线
	○	11. 标明厨房等区域可燃气体探测器、相关阀门、排风机等的位置，以及相关的报警联动控制管线
	○	12. 传输线路和控制线路的型号、敷设方式、防火保护措施应满足要求
	○	13. 消防应急广播设备应按防火分区和不同功能区布置
		系统图
高压系统	○	1. 索引高压供电方案中主要技术数据
	○	2. 一次系统接线图应满足安全、可靠、管理等系统需求
	○	3. 断路器、熔断器、避雷器、互感器、母线、电缆等规格型号应准确，满足动热稳定性的要求
	○	4. 断路器、熔断器等额定极限短路分断能力应满足要求
	○	5. 主进线及馈出回路的计算标注应完整
	○	6. 高压电器的选择应与开关柜的成套性相符合
	○	7. 二次接线图方案应满足高压系统相关的连锁要求
	○	8. 继电保护方式应合理，进线、联络、出线开关保护应满足选择性要求
	○	9. 针对不同接地系统形式校核零序保护或绝缘监视装置的设置
		10. 确定操作、控制、信号电源形式和容量
		11. 仪表配备应齐全，规格型号应准确
	○	12. 严禁选用淘汰的电器设备产品

电气专业

分项	审定	审 查 内 容
变配电所继电保护及信号原理图	○	1. 继电保护及控制、信号功能要求应正确
		2. 当选用标准图或通用图的方案时应与一次系统要求匹配
		3. 明确控制柜、直流电源及信号柜、操作电源选用产品
变配电所低压系统	○	1. 低压一次接线图应满足安全、可靠、管理等系统需求
	○	2. 变压器中性点接地线、PE线等的材质规格应明确，连接关系应正确
	○	3. 母线联络应有防并列运行的功能
	○	4. 柴油发电机启动条件、相关控制线路的配置以及发电机与市电防并列运行的功能
		5. 主进线和配出回路的计算标注应完整
	○	6. 主进线开关保护整定与低压主母线的配合应满足要求，母线规格型号应标注清晰
	○	7. 出线回路开关保护整定计算与配出线缆（或母线）的配合应满足要求，线缆（或母线）规格型号应标注清晰
	○	8. 电器、母线、电缆选型应满足动热稳定性校验要求
	○	9. 无功补偿应满足计算要求，串电抗器时，应明确电抗系数
	○	10. 进线、联络、出线开关保护整定值、动作时限应标注完整，满足选择性要求
	○	11. 主进线及配出回路开关断流能力应满足计算要求
	○	12. 计量应满足相关规定
		13. 电流互感器的数量和变比应合理，应与电流表、电度表匹配
		14. 有计量、监测、控制要求的回路，相关元器件配置应与之匹配
		15. 标明配出回路用途名称、回路编号、主用回路或备用回路
	○	16. 低压电器的选择应与配电柜的成套性相匹配

77

施工图设计文件验证提纲

分项	审定	审 查 内 容
电力系统（注4）	○	1. 由市电引入的低压电源线路，应在电源柜（或箱）的受电端设置具有隔离作用和保护作用的电器
	○	2. 设备机房配电系统图，如：制冷、空调、水泵等系统应满足设备工艺要求
	○	3. 消防水泵系统中巡检柜的系统与主系统的接线和连锁关系应正确
		4. 采用配电柜为设备配电时，系统图表达方式应与变电室低压系统图表达方式一致
		5. 配电干线系统图中电源至各终端箱之间的配电方式应表达正确清晰
		6. 配电干线系统图中电源侧设备容量和数量、各级系统中配电箱（柜）的容量数量以及相关的编号等表达应完整
配电箱系统	○	1. 一次系统应满足设备工艺要求
	○	2. 电动机的启动方式应合理
	○	3. 电动机回路过载、短路等保护装置与线缆选型应合理匹配
		4. 应标注进线回路编号、总设备容量和计算电流
		5. 开关、断路器（或熔断器）等的规格、整定值标注应齐全
		6. 标注配出回路编号、相序标注、线缆型号规格、配管规格等
		7. 标注配电箱编号、型号、箱体参考尺寸、安装方式
	○	8. 双电源供电的配电系统其双电源转换装置选型应合理，与保护装置应匹配
	○	9. 潮湿场所、移动设备用电、住宅插座回路等剩余电流保护器的设置
		10. 对有控制要求的回路应提供控制原理图或注明采用标准图集的编号和页次
	○	11. 严禁选用淘汰的电器设备产品

电气专业

分项	审定	审 查 内 容
配电箱（柜）控制原理图	○	1. 应满足设备动作和保护、控制连锁要求等
		2. 选用标准图或通用图的方案应与一次系统要求匹配
防雷及接地安全系统	○	1. 接地干线系统图中各级系统接地线连接关系、选用材质和规格、接地端子箱的位置等标注应正确清晰
智能化系统（注5）	○	1. 标注各系统主要技术指标、系统配置标准
	○	2. 通过系统图或说明表达各相关系统的集成关系
		3. 表示水平竖向的布线通道关系
		4. 金属槽盒、配管规格应与线缆数量匹配
	○	5. 根据系统实际需求通过文字或图示说明电子信息系统的防雷措施
		6. 各系统中的有源设备或器件应有供配电设计，注意SPD的设置
建筑设备监控系统	○	1. DDC或控制器的网络架构、设备编号与平面图相对应
		2. 根据设备专业提供的技术资料，绘制监控原理图，满足设备工艺要求
		3. 绘制监控点表，注明监控点数量、受控设备位置、监控类型等
广播、扩声、会议系统		1. 系统框图应表示主要的声源设备、信号处理设备及现场设备
	○	2. 表示与消防系统联动控制关系
	○	3. 红外线同声传译系统必须具备消防报警联动功能
		4. 会议室照明设备（含调光设备）供电应采取措施避免对会场音频和视频系统设备供电的干扰
有线电视和卫星电视接收系统		1. 信号源从城市有线电视网接入时应视需要内部自设前端，示意相关的节目源输入
		2. 明确与卫星信号、自办节目信号等的系统关系
	○	3. 用户传输系统架构
		4. 有源设备应采用单相220V、50Hz交流电源供电

79

施工图设计文件验证提纲

分项	审定	审 查 内 容
安全技术防范系统	○	1. 表示现场设备、信号传输设备以及监控管理室设备等
	○	2. 明确与火灾报警及联动控制系统等的接口关系
	○	3. 用文字或图示的方式表示摄像机等末端有源设备的配电方式
火灾自动报警及消防联动系统	○	1. 明确系统形式，超限设计应配合性能化完成设计
	○	2. 区域显示器、火灾探测器、手动火灾报警按钮、火灾警报器、消防应急广播扬声器、输入输出模块等数量应与平面一致
	○	3. 消防应急广播设备选择及扬声器设置应满足要求
	○	4. 消防专用电话的设置，如：变电室等重要机房
	○	5. 消防水泵、防排烟风机等应在消防控制室有强启功能，标明直接启动控制线数量
	○	6. 强起应急照明、强切非消防电源的控制关系
	○	7. 电梯的控制关系
	○	8. 消火栓、自动喷洒、水喷雾等灭火系统控制方式和与系统的连接关系
	○	9. 空气采样、气体灭火、可燃气体报警控制等系统与主系统的连接关系
	○	10. 消防水炮系统与主系统的连接关系
	○	11. 传输线路和控制线路选型应满足要求
	○	12. 明确消防联动设备控制要求及接口界面，可索引相关图纸
		人防工程（注6）
说明	○	1. 说明人防所在平面位置、面积、防护单元数量、平时和战时用途、抗力级别等
	○	2. 采用的规定、设计标准应与本工程相适应，并为现行有效版本
	○	3. 外埠工程需要采用地方规定、标准时应一并列入，并为现行有效版本

电气专业

分项	审定	审 查 内 容
说明	○	4. 引入有关政府主管部门认定的工程设计资料，如：人民防空主管部门的批文等
	○	5. 确定平时及战时负荷等级，按负荷分级分别统计容量
	○	6. 战时内部、区域电源的设置
	○	7. 移动柴油电站和固定柴油电站的设置
	○	8. 接地形式及要求
	○	9. 线路敷设采取的密闭措施和要求
	○	10. 灯具选型防护标准和安装方式
平面	○	1. 室外管线直接进入防空地下室的处理措施
	○	2. 各系统配电箱安装位置和方式应符合规定
	○	3. 电气管线、母线、桥架敷设的密闭措施
	○	4. 灯具的选用及安装应满足战时要求
	○	5. 防护区内外照明电源回路的连接应符合规定
		6. 音响信号按钮的设置
		7. 洗消间、防化值班室插座的设置
		8. 为战时专设的自备电源设备应预留接线、安装位置
系统	○	1. 系统架构应满足平时、战时负荷等级的供配电要求
	○	2. 不同负荷等级的电力负荷应各有独立回路
	○	3. 引接内部电源应有固定回路
		4. 蓄电池组作为内部电源时的连续供电时间
通信		1. 电话设置位置、数量和管线预埋位置应符合规定
		详图
变配电所	○	1. 变电所的面积应满足使用要求，有人值班时应考虑设置卫生间及上下水设备
	○	2. 应留有设备运输通道
	○	3. 设备布置与一次系统图关系应匹配合理
	○	4. 设备布置应满足高低压设备的间距、操作维护、运输等要求

施工图设计文件验证提纲

分项	审定	审 查 内 容
变配电所		5. 母线、桥架的水平位置、安装高度应合理,尺寸标注应齐全
		6. 变压器、开关柜等设备的预埋件形式、位置、尺寸应合理
		7. 电缆夹层或电缆沟做法应满足要求,留洞尺寸应与高、低压柜的尺寸相匹配
		8. 进出线路敷设方式及标高标注应清晰,各类负荷缆线敷设方式、隔离措施应合理
		9. 低压母线、桥架进出开关柜的安装做法、与开关柜的尺寸关系应满足要求
		10. 变电所的通风换气或降温措施,应满足设备运行的环境要求
	○	11. 接地线布置应合理,各接地线的材质和规格应满足系统校验要求
		12. 灯具布置应考虑操作与维修的要求以及与母线、桥架的安装间距
		13. 照度标准和故障情况下照明供电时间应满足要求
		14. 插座布置应避开环形接地母线的安装高度
		15. 平面标注的剖切位置应与剖面图一致,表达正确
		16. 剖面图中设备、桥架、母线的位置关系应合理、各部位的尺寸标注应清晰
柴油发电机房	○	1. 油箱间、控制室、报警阀间等附属房间的划分应合理
	○	2. 发电机组的定位尺寸标注清晰,配电控制柜、桥架、母线等设备布置应合理
	○	3. 发电机房的接地线布置应合理,各接地线的材质和规格应满足系统校验要求
		4. 机房内应设置洗手盆和落地洗涤槽

电气专业

分项	审定	审 查 内 容
智能化机房	○	1. 机房及功能管理中心位置选择应考虑防火、防水、防电磁干扰等因素，面积及高度应符合设备安装、运行及维护要求
		2. 机房设备布置、席位划分
		3. 功能分区划分应合理，有人长期值班的管理室应提供保证运行人员正常工作的相应辅助设施
		4. 平面布置应反映设备布置、桥架、金属槽盒等内容，剖面应反映各设备安装情况
		5. 强电、智能化系统缆线的布置应避免相互干扰
消防控制室	○	1. 消防控制室出口位置的设置应满足要求
	○	2. 考虑防火、防水、防电磁干扰因素，面积及高度符合设备安装、运行及维护要求
		3. 机房设备布置、席位划分
		4. 平面布置应反映设备布置、桥架、金属槽盒、接地等内容
电气小间	○	1. 小间内母线、桥架、管线、配电箱（柜）的布置应合理，相关的尺寸标注应清晰
		2. 小间的留洞和管线竖向、水平穿越楼板和墙体后的封堵要求应明确
图表		
电缆表（注7）		1. 回路编号和用途、起点和终点位置名称、线缆（母线）材质规格型号和敷设方式
	○	2. 列出回路用电设备计算功率和电流以及上级开关保护整定值
建筑设备管理系统点表（注8）		1. 列出受控设备名称、数量、设备编号、设备位置、输入/输出点数量和形式等
计算书		
用电设备负荷计算及变压器选型计算		1. 负荷计算应满足变压器选型、应急电源和备用电源设备选型的要求
	○	2. 无功功率补偿计算应符合系统功率因数的规定

施工图设计文件验证提纲

分项	审定	审 查 内 容
系统短路电流计算	○	1. 满足电气设备选型要求，为保护选择性及灵敏度校验提供依据
电缆选型及电压损失计算	○	1. 校核配电导体的选择
防雷与接地安全系统计算	○	1. 提供年预计雷击次数计算结果，确定建筑物防雷类别
	○	2. 根据工程情况进行雷击风险评估，确定建筑物电子信息系统雷电防护等级
照明功率密度计算	○	1. 校核照明功率密度值，满足节能要求
制图标准		
		1. 图名、图号、制图比例、字高、线宽等满足《BIAD制图标准》[3]要求
其他		
		1. 图签内信息应齐全、准确，目录与提供的设计文件内容应一致

注：1. 智能化各系统说明中需要验证的共性问题相对集中在一起阐述。
2. 从目前的设计文件看，多数情况下是将电气设备、装置、器件等的主要技术参数、安装方式等技术要求随图例表一一对应表达，此部分技术要求也可以通过其他形式在设计文件中描述。
3. 智能化各系统平面中需要验证的共性问题相对集中在一起阐述。
4. 电力系统验证内容与"变配电所低压系统"相同的部分不再重复列出，可参见有关条款描述。
5. 智能化各系统图中需要验证的共性问题相对集中在一起阐述。
6. 人防工程验证内容与主体工程相同的部分不再重复列出，可参见有关条款描述。
7. 根据《BIAD设计文件编制深度规定》的有关规定，当变电室设计与主体设计不同步出图时，为保证平面系统整体设计的一致性，对于变电室低压柜一级配出的干线，在平面图中应标注回路编号，并可通过表格形式标注对应回路的导线规格。
8. 如果监控点表的篇幅不大，也可结合系统图或其他相关图纸布图。

经济专业施工图设计文件验证提纲

经济专业

经济专业施工图设计文件验证提纲

施工图预算

分项	审定	审 查 内 容
封面		封面应有项目名称、项目编号、设计单位名称、施工图预算、编制日期等内容。格式可参照"建设项目施工图预算编审规程"（CECA/GC5）的表 A.0.1
签署页		按编制人（经济专业负责人）、审核人、审定人等顺序签署，加盖执业或从业印章，详见"建设项目施工图预算编审规程"（CECA/GC5）的表 A.0.2
目录	○	应严格执行《BIAD设计文件编制深度规定》相关规定，须有完整的目录，格式可参照"建设项目施工图预算编审规程"（CECA/GC5）的表 A.0.3
编制依据	○	应对计价依据（预算定额）、工期定额、法律法规或规定及其软件、各个文件有效性的审定。编制依据包括各方面涉及造价的有关文件、合同、协议、批准的初步设计概算、外审通过的各专业施工图纸、相关的标准图集和规范；项目相关的设备、材料报价单及说明书；建设地点的自然、社会条件，新技术、专利的使用情况；合理的施工组织设计或方案等
编制范围		预算的编制范围应与设计范围相统一，但不应或不可能局限于某一设计单位的设计范围；有无与设计范围不一致或涵盖深化（二次）设计的情况，应在编制说明中加以阐述
编制方法		所依据造价信息的时效性应符合规定；确定编制方法。主要有单价法（定额单价法、工程量清单单价法）和实物量法
说明内容	○	除符合《BIAD设计文件编制深度规定》[1]相关规定外，还应结合项目具体情况，对其加以补充，使其完整和全面。如对取费文件（建筑类别的划分、管理费、利润、税金）、暂估价（对一些新材料、新设备的价格暂估）、暂估项（对一些无法计量的单位工程的暂估）、工程量计算（是否采用了BIM模型、图形算量）、补充定额（对所依据定额缺项的补充）、限额设计的说明

施工图设计文件验证提纲

分项	审定	审 查 内 容
工程量计算		检查工程量的计算是否符合定额计算规则的规定；计价依据（定额）的执行及其子目划分是否执行的正确；补充定额子目是否合规。计算三材和人工（综合工日）用量，应有消耗量指标的分析
	○	工程量的计算应符合预算定额或单位估价表（计价依据）的规定，套用的定额子目应正确，不应有漏项或重复计算的现象。对工程量准确性的分析，如对有些分部分项工程量指标的分析、相关的工程量是否符合一定逻辑关系的分析，帮助判断工程量的准确性。 对措施费中降水、基坑支护、模板、脚手架的工程量，应分析其是否符合计算规则的规定
单位工程预算		检查工程量与定额单价的乘积及其合计数的正确性；检查预算书编排顺序的正确性，分析预算的经济指标，确保预算书准确无误
		定额执行的是否正确，对于定额中的缺项，补充或估价是否准确
	○	对比单位工程的人材机价表的合计数与其预算书的直接费合计，避免出现小数点的错误
单位工程预算表的格式		建筑工程预算表可参照"建设项目施工图预算编审规程"（CECA/GC5）的表 B.0.6；安装工程预算表可参照"建设项目施工图预算编审规程"（CECA/GC5）的表 B.0.8；也可按照造价主管部门的格式要求进行编制
单位工程预算取费		应符合费用定额及其相关文件的规定、相应计算程序要求、费率的规定。计算正确
	○	对综合体、通风空调、电梯、变配电、锅炉及附属设备、室外电缆敷设、架空线路、路灯、室外管道等的取费应引起关注。各单位工程取费均应不丢项也不重复计取；从取费的计取依据、计算程序、到费率均符合相关规定要求

经 济 专 业

分项	审定	审 查 内 容
单位工程预算取费	○	应注意对房修定额中的措施费和取费的审查。应正确执行外省市消耗量定额的取费标准、措施费及其相关规定，尤其应注意各地根据市场情况、政策的变化对费用定额中费率调整的规定
单位工程预算取费的格式		建筑工程预算表可参照"建设项目施工图预算编审规程"（CECA/GC5）的表 B.0.5；安装工程预算表可参照"建设项目施工图预算编审规程"（CECA/GC5）的表 B.0.7；也可按照造价主管部门的格式要求进行编制
暂估材料、设备价表，暂估项		对人材机价表、暂估材料、设备价表进行审核
		暂估项是对一些无法计量的单位工程的暂估，应向专业承包商请教，使暂估项的估价比较合理、贴近项目实际
	○	对新材料、新设备的暂估价格要进行询价，同时征求设计人的意见，应有记录、可追溯
人材机的市场价表		严格执行《BIAD设计文件编制深度规定》[1] 相关规定。须有人材机的市场价表
设备及工、器具购置	○	应对各类设备进行询价，将国产设备（标准设备与非标准设备）与进口设备分别列出，并使预算书中的设备型号、数量、计量单位与施工图设备表的相一致
		工、器具购置费一般以设备购置费为计算基数，按照规定的费率计算。发生此项费用时，主要审查计算依据和其的准确性
进口设备价格计算表格式		进口设备价格计算表可参照"建设项目施工图预算编审规程"（CECA/GC5）的表 B.0.14
单项工程综合预算	○	对某单项工程的各个单位工程预算造价进行汇总，应对综合预算中的各类数值与各个单位工程预算造价进行核对，避免汇总计算错误的发生，尤其应注意不要发生数位的错误

施工图设计文件验证提纲

分项	审定	审 查 内 容
单项工程综合预算		综合预算须将各个单位工程预算造价汇总全，不遗漏、不重复。尤应注意：不要遗漏可能发生的护坡、降水、钢结构、弱电、机械停车库、止水帷幕、雨水回收系统、太阳能热水系统、室内（外）标识、厨房隔油设备等单位工程的预算造价
综合预算表格式		综合预算表可参照"建设项目施工图预算编审规程"（CECA/GC5）的表B.0.4
总预算		应按照主管及其相关政府部门的文件规定进行编制，着重审查文件的有效性和费用计算的准确性；注意审核总预算是否在设计概算范围之内
	○	按照相关文件规定对工程建设其他费、预备费等进行审查，注意把整个项目的各个子项汇总全，无漏计、重计现象发生。分析其内容是否完整，是否客观、公正地反映了设计标准，有无与设计图纸及说明不符的现象。对于工程建设其他费应注明文件号
	○	根据项目的规模、标准等基本情况，对比相类似项目技术经济指标情况，分析预算的合理性
		结合市场行情和主管部门的文件规定，考虑是否要有涨价预备费
总预算表格式		总预算表可参照"建设项目施工图预算编审规程"（CECA/GC5）的表B.0.1
预算调整文件		注意使其深度、组成、表格形式与原施工图预算保持一致
	○	检查是否对调整原因做了详尽的分析说明，提供的有关文件和调整依据是否充分；说明中要逐项与原批准预算对比，分析主要变更原因
	○	编制调整前后的对比表，着重审查对比表、分析表的准确性和完整性

经济专业

分项	审定	审 查 内 容
预算调整对比表格式		预算调整对比表可参照"建设项目施工图预算编审规程"（CECA/GC5）的表 B.0.15 至表 B.0.18；进行分部工程、单位工程，人工、材料的分析，可参照"建设项目施工图预算编审规程"（CECA/GC5）的表 B.0.11 至表 B.0.13

注：本验证提纲主要适用于施工图设计阶段编制的施工图预算。对于咨询阶段的工程量清单、招标控制价、顾客另外委托的施工图预算编制等咨询文件的验证，本验证提纲仅供参考。上述咨询阶段的经济文件的验证不只局限于此，请根据咨询合同、计价规范、工程量计算规范、计价依据、招标文件的要求，增加相应的验证内容，以确保咨询文件的质量。

参 考 文 献

[1] 北京市建筑设计研究院有限公司. BIAD设计文件编制深度规定. 北京：中国建筑工业出版社，2010.
[2] 北京市建筑设计研究院有限公司. BIAD各专业技术措施. 北京：中国建筑工业出版社，2006.
[3] 北京市建筑设计研究院有限公司. BIAD制图标准. 内部标准，2014.